JN314273

化 学
基本の考え方13章
第2版
中田宗隆 著

東京化学同人

は じ め に

「化学 基本の考え方12章」を出版してから，ちょうど，15年が経つ．その間に，数万人もの方がこの本を読んでくれたことになる．化学の基本を書いた教科書であるから，年月が経っても，それほど内容が古くなることはないので，改訂する必要はないだろうと思っていた．しかしながら，15年が経って，丁寧に読み直してみると，知識が古くなっているところ，もう少し，わかりやすく説明できそうなところ，大事な基本を書き忘れたところなど，気になる点が多々出てきた．とくに，第1章の「宇宙化学論」は宇宙の始まりや素粒子の話である．この15年間に，最先端の物理学は大きく進歩した．そこで，できる限り新しい知識にのっとって，書き直しをした．

第2章の「原子構造論」と第3章の「量子論」は歴史的事実に基づいた内容なので，それほど，大きな変更を必要としなかった．基本的には初版の内容とほぼ同じである．分子構造に関する章は，今回，二つの章に分けて内容を充実させた．第4章の「分子軌道法」では，原子軌道の波動関数の重ね合わせによってつくる二原子分子の分子軌道の概念を，できるだけやさしい言葉で，できるだけ丁寧に説明した．とくに，σ軌道だけではなく，初版では扱わなかったπ軌道についても説明をし，さらに，分子の電子配置の説明を追加した．第5章の「分子構造論」では，メタン，水，アンモニアだけでなく，エタンおよびエチレンの分子軌道の説明を追加した．そして，炭素-炭素の結合軸まわりの回転異性体の概念にも言及した．第6章の「物質構造論」では，新たに，イオン結晶の構造および単位格子の考え方を追加した．

第7章の「分子運動論」と第8章の「分子分光法」も基本的には初版の内容と同じである．ただし，温度の概念，および，熱エネルギーの伝わり方（伝導，対流，放射）について，新たな説明を加えた．これは地球温暖化現象をちゃんと理解するためである．これだけ社会で騒がれている問題であるにもかかわらず，大気の温度と分子の運動エネルギーとの関係が理解されていないことには驚かされる．一人でも多くの人が，化学の基礎をちゃんと理解してから，地球温暖化現象の議論をしてくれることを望む．

第9章の「熱力学第一法則」，第10章の「熱力学第二法則」，第11章の「相

平衡論」も基本的には初版の内容を踏襲した．ただし，ギブズの自由エネルギーだけでなく，ヘルムホルツの自由エネルギーについても記述した．また，第11章では，氷の多相と超臨界状態の説明を追加し，内容をさらに充実させた．第12章では，「化学平衡論」の内容の一部を残しながら，「溶液論」に変更した．この章では，第11章までの純物質に対して，2成分系の熱力学であることを意識して，溶液の熱力学的性質の基礎を中心に，ラウールの法則，ヘンリーの法則，凝固点降下，沸点上昇などを追加した．第13章の「化学反応論」では，基本的には初版の内容を踏襲し，触媒の詳しい説明を追加し，内容をさらに充実させた．また，反応速度定数を使った化学平衡の解釈を追加した．

　改訂版を書き始めたころには，すでに，初版という下書きがあるのだから，それほど時間はかからないだろうと思っていた．しかし，書き始めてみると，少しでも，よりよい教科書をつくりたいというという気持ちがあとからあとからと湧きあがってきて，何回も繰返し修正を重ね，原稿用紙は修正ペンキと糊張りで，わけがわからなくなるほどであった．しかし，その作業はまったく苦痛ではなく，むしろ，快感でもあった．それは，もしかしたら，イギリスの作曲家のホルストが，組曲「惑星」を作曲したときの感覚に似ていたのかもしれない．音の長さや高さだけではなく，テヌートにするかスタッカートにするかを迷うがごとく，図の大きさ，文章の長さに気を配りながら，一字一句を丁寧に推敲した．どうぞ，組曲「化学 基本の考え方13章 第2版」をお楽しみください．

　この本を改訂するきっかけとなったのは，ピアニストの石亀紘子先生（東京芸術大学教育研究助手）が化学に興味をもってくれたことである．化学の専門家でなくても，理系の学生でなくても，芸術家でもわかるようなやさしい言葉で，化学の基本を説明したつもりである．

　なお，初版を執筆する際には，牛木秀治先生（東京農工大学教授），赤木右先生（九州大学教授），故橋谷卓成先生（東京農工大学名誉教授），朽津耕三先生（東京大学名誉教授）をはじめ，多くの方々に大変お世話になった．この場を借りて，改めて，厚く，お礼申し上げる．

2011年3月29日　　　　　　　　　　　　　　　　　　　中　田　宗　隆

目　　次

第1章　宇宙の誕生と星の誕生（宇宙化学論） ……………………… 1
　1・1　素粒子の誕生……………………………………………………… 1
　1・2　素粒子から原子へ………………………………………………… 2
　1・3　星の誕生と爆発…………………………………………………… 5
　1・4　宇宙空間での分子進化…………………………………………… 6
　1・5　地球の誕生と元素分布…………………………………………… 9

第2章　超ミクロの世界を探る（原子構造論） ……………………… 12
　2・1　電子の発見………………………………………………………… 12
　2・2　原子核の大きさ…………………………………………………… 14
　2・3　ラザフォードの原子模型………………………………………… 16
　2・4　電子スピンと核スピン…………………………………………… 17
　2・5　一般の原子の構造………………………………………………… 20

第3章　電子は粒子か，波か？（量子論） …………………………… 23
　3・1　原子からの発光…………………………………………………… 23
　3・2　電子は回折される………………………………………………… 25
　3・3　水素原子のエネルギー…………………………………………… 27
　3・4　水素原子の波動関数……………………………………………… 29
　3・5　一般の原子の電子配置…………………………………………… 31

第4章　分子を支配する波動関数（分子軌道法） …………………… 34
　4・1　水素原子から水素分子へ………………………………………… 34

4・2　分子の波動関数 ……………………………………………………35
　4・3　ヘリウム分子は存在するか？ ……………………………………37
　4・4　σ軌道とπ軌道 ……………………………………………………39
　4・5　二原子分子の電子配置 ……………………………………………41

第5章　華麗なる対称性の世界（分子構造論） …………………………45
　5・1　メタン分子の形 ……………………………………………………45
　5・2　アンモニア分子と水分子の形 ……………………………………47
　5・3　エタン分子の形 ……………………………………………………49
　5・4　エチレン分子のπ結合 ……………………………………………51
　5・5　金属錯体の形 ………………………………………………………53

第6章　魔法のサッカーボール（物質構造論） …………………………56
　6・1　分子から巨大分子へ ………………………………………………56
　6・2　金属固体とイオン結晶 ……………………………………………58
　6・3　ファンデルワールス力 ……………………………………………61
　6・4　水素結合と氷の構造 ………………………………………………63
　6・5　生体物質と水素結合 ………………………………………………65

第7章　ランダム運動が生む秩序（分子運動論） ………………………67
　7・1　気体の性質 …………………………………………………………67
　7・2　分子の運動と圧力 …………………………………………………68
　7・3　分子の運動と温度 …………………………………………………70
　7・4　ボルツマン分布則 …………………………………………………72
　7・5　分子の速度分布 ……………………………………………………74

第8章　地球温暖化現象の謎（分子分光法） ……………………………78
　8・1　大気による赤外線の吸収 …………………………………………78
　8・2　分子の振動 …………………………………………………………80
　8・3　二酸化炭素と水分子の振動 ………………………………………82

8・4　分子の回転 ·· 84
  8・5　熱エネルギーの移動 ·· 86

第9章　エネルギーは不滅である（熱力学第一法則） ················ 89
  9・1　気体の熱エネルギーと仕事エネルギー ······························ 89
  9・2　強制的に膨張させると？ ·· 92
  9・3　水の蒸発 ··· 93
  9・4　反応熱とエンタルピー ·· 95
  9・5　物質の熱容量 ·· 97

第10章　誰も束縛されたくはない（熱力学第二法則） ·············· 100
  10・1　気体は自然に混ざる ·· 100
  10・2　状態数とエントロピー ·· 101
  10・3　エントロピーは増大する ··· 104
  10・4　熱力学的エネルギー ·· 106
  10・5　電池と自由エネルギー ·· 108

第11章　永遠なる地球の水の循環（相平衡論） ······················· 111
  11・1　水は循環する ·· 111
  11・2　相平衡と自由エネルギー ·· 114
  11・3　水の蒸気圧曲線 ·· 115
  11・4　水の状態図 ··· 117
  11・5　二酸化炭素の状態図 ·· 119

第12章　1＋1は2ではない（溶液論） ······································· 122
  12・1　水とアルコールを混ぜると？ ·· 122
  12・2　ラウールの法則とヘンリーの法則 ····································· 123
  12・3　2成分系の自由エネルギー ·· 125
  12・4　酸解離の平衡定数 ··· 128
  12・5　凝固点降下と沸点上昇 ··· 130

第13章　ダイヤモンドは炭になる（化学反応論） ……………… 133
- 13・1　ダイヤモンドの永遠の輝き ……………………………… 133
- 13・2　反応速度とボルツマン分布則 …………………………… 134
- 13・3　活性化エネルギーを下げる ……………………………… 136
- 13・4　反応速度定数と半減期 …………………………………… 138
- 13・5　連続反応の濃度変化 ……………………………………… 141

索　引 ………………………………………………………………… 144

1
宇宙の誕生と星の誕生
宇宙化学論

> 化学は，元素とその化合物を対象とする学問である．化合物の構成単位が元素であることを考えると，まず，元素について調べることは，化学の基本であるともいえる．この宇宙で，元素はどのようにして生まれたのだろうか．身のまわりにはさまざまな元素があり，それらが同時に生まれたとは思えない．そうすると，元素はどのようにして進化したのだろうか．ここでは，宇宙の誕生と星の誕生に焦点をあてながら，元素の生い立ちを探ることにしよう．

1・1 素粒子の誕生

　子供のころに，夜空の星を眺めながら不思議に思ったことがある．一体，この宇宙はどこまで広がっているのだろうか．宇宙の向こうには何があるのだろうかと．そして，子供心に，なんとなく，この宇宙は永遠に不変であるかのように信じていた．しかし，最近になって，この宇宙が決して不変ではないことがわかってきた．宇宙には始まりがあり，そして，時間とともに宇宙は膨張している．

　宇宙の誕生と膨張についての理論がある．"ビッグバン理論"とよばれる．この理論によれば，宇宙は今から約137億年前に大爆発（ビッグバン）とともに始まったといわれている．本当に，すべてがビッグバンとともに始まったのである．物質だけではなく，時間や空間までもがそのときから始まった．非常に想像しにくいことではあるけれども，宇宙のとてつもなく大きなエネルギーが，とてつもなく小さな空間に閉じ込められていた．空間も時間も物質もなく，単に，膨大なエネルギーのみが存在していた．そして，あるとき，この膨大なエネルギーが，突然，光と質量に変化し，粒子ができ，空間をもち，急激に広がり始めた．これがビッグバンである．宇宙の誕生である．宇宙が膨張を始め

たのである.

本当に，エネルギーが質量に変化するのだろうか．その通りである．エネルギー（E）と質量（M）は等価であり，つぎのような関係式がある．

$$E = Mc^2 \qquad (1\cdot 1)$$

すなわち，質量に光の速度（$c \approx 3.00\times 10^8\,\mathrm{m\,s^{-1}}$）の 2 乗をかけたものが，エネルギーの大きさに等しい．これはアインシュタイン（A. Einstein）によって導かれた式である．

エネルギーが質量に変化したときに，宇宙で最初に誕生したものが**クォーク**，**電子**，**グルーオン**といった粒子である．ビッグバンの直後の 10^{-35} 秒後のことといわれている．グルーオンというのは相互作用を受けもつ粒子で，**膠着子**（こうちゃくし）とか**糊粒子**と訳されている．一方，クォークは**素粒子**と訳され，6 種類がある（図 1・1）．アップ（up）とダウン（down），チャーム（charm）とストレンジ（strange），トップ（top）とボトム（bottom）である．アップとかダウンといっても，素粒子が上がったり下がったりするわけではない．これらはすべてニックネームである．それぞれの素粒子の物理的性質が対になっているので，このようによばれている．これらの素粒子の存在は，負の電荷をもつ通常の電子と，正の電荷をもつ陽電子を衝突させる実験などによって，確認されている．

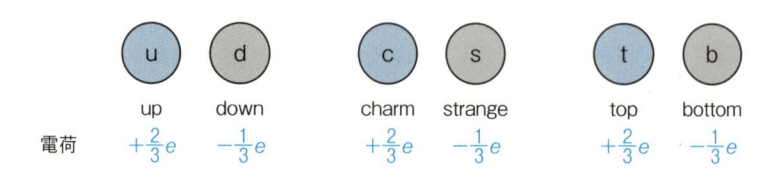

	u	d	c	s	t	b
	up	down	charm	strange	top	bottom
電荷	$+\frac{2}{3}e$	$-\frac{1}{3}e$	$+\frac{2}{3}e$	$-\frac{1}{3}e$	$+\frac{2}{3}e$	$-\frac{1}{3}e$

図 1・1　6 種類の素粒子（クォーク）

1・2　素粒子から原子へ

宇宙空間は膨張とともにその温度が下がり，冷えていく．ただし，冷えるといっても，日常では考えられないような高温である．そのような高温の環境の中で，素粒子はグルーオンの助けを借りて，お互いに結合するようになる．素粒子を結びつける力は「**強い力**」とよばれている．

6 種類の素粒子の中で，アップとダウンが結合すると，**核子**になる．たとえ

ば，2個のアップと1個のダウンが結合すると**陽子**になり，1個のアップと2個のダウンが結合すると**中性子**になる（図1・2）．陽子と中性子の電荷を調べてみよう．陽子は正の電荷をもち，その大きさは電子の電荷の大きさ，つまり，**電気素量**（$e \simeq 1.60 \times 10^{-19}$ C）と同じである．一方，中性子は電荷をもっておらず，電気的に中性である．だから，中性子という．本当に，そのような電荷になっているのだろうか．

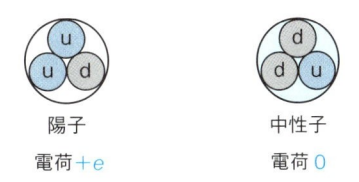

陽子
電荷 $+e$

中性子
電荷 0

図 1・2 核子（陽子，中性子）はアップとダウンからできる

不思議に思うかもしれないが，実は，アップはなぜか正の電荷をもち，しかも，電気素量 e の 2/3 倍である（図1・1）．どうして，そのようになっているのかはよくわからない．素粒子の世界はわれわれの想像を絶する世界なのである．一方，ダウンは負の電荷をもち，電気素量 e の 1/3 倍である．したがって，陽子の電荷は，

$$\left(+\frac{2}{3}e\right) + \left(+\frac{2}{3}e\right) + \left(-\frac{1}{3}e\right) = +e \tag{1・2}$$

つまり，$+e$ となる．一方，中性子の電荷は，

$$\left(+\frac{2}{3}e\right) + \left(-\frac{1}{3}e\right) + \left(-\frac{1}{3}e\right) = 0 \tag{1・3}$$

となる．確かに，中性子は電荷をもつことはなく，電気的に中性である．

陽子も中性子も不変ではない．図1・2を見るとわかるように，もしも，中性子を構成している1個のダウンがアップに変わると，中性子が陽子に変化する．これを **β^- 崩壊** という．もちろん，逆の変化も起こり，陽子が中性子になることもある．これを **β^+ 崩壊** という．このような核子の変化に関与している力は「**弱い力**」とよばれている．

宇宙がさらに膨張して，温度が下がると，今度は核子どうしが結合をして，さらに重い**原子核**になる．たとえば，陽子と中性子が結合すると，重水素 ^{2}H

陽子 ・ 中性子

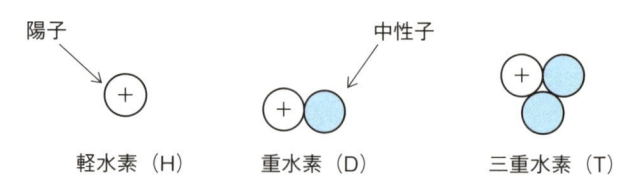

軽水素（H）　重水素（D）　三重水素（T）

図 1・3　水素原子のいろいろな原子核

（ジュウテリウム；略号 D）ができる（図 1・3）．われわれがふつうに知っている水素のおよそ 2 倍の質量をもつ原子核である．そして，重水素と重水素が反応すれば，1 個の陽子と 2 個の中性子が結合した三重水素 ^{3}H（トリチウム；略号 T）ができる（図 1・4）．あるいは，2 個の陽子と 1 個の中性子が結合したヘリウム ^{3}He ができる（元素記号の表し方については第 2 章参照）．ヘリウムの原子核の中で，どうして正の電荷をもつ 2 個の陽子が反発もせずに結合できるのか不思議であるけれども，これも「強い力」によるものであるといわれている．

　三重水素 T あるいはヘリウム ^{3}He の原子核がふたたび重水素 D と反応すると，2 個の陽子と 2 個の中性子が結合したヘリウム ^{4}He の原子核ができる（図

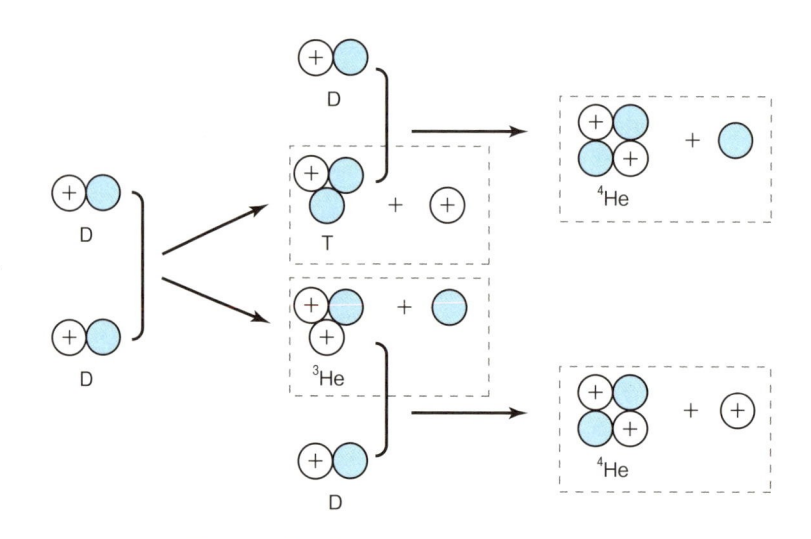

図 1・4　重水素（D）からヘリウム（He）へ

1・4)．このような重水素からヘリウムができる反応は，**核融合**とよばれ，莫大なエネルギーが放出される．核融合反応によってわずかに質量が減り，その減った質量が（1・1）式に従って，エネルギーに変換されるからである．

このようにしてできた水素やヘリウムは，すべて正の電荷をもつ原子核である．それらは電気的に中性な原子ではない．ビッグバン直後の宇宙では，温度があまりにも高すぎて，電気的に中性でない原子核も電子も，ばらばらで存在する．このような状態を**プラズマ状態**という．しかし，やがて宇宙の膨張が進み，温度が下がると，負の電荷をもつ電子と正の電荷をもつ原子核が「**電磁力**」とよばれる力によって結合し，電気的に中性な原子が誕生する．

1・3 星の誕生と爆発

水素やヘリウムは，宇宙空間に均一に分布しているわけではない．宇宙のところどころで，「**重力**」によって濃縮し，しだいに高密度になる．これが"星の誕生"である．水素やヘリウムの濃縮によって，星は高温かつ高圧の状態になる．たとえば，われわれの最も近くにある星，すなわち，太陽は約 93.4 % の水素と 6.5 % のヘリウムからできている．つまり，水素とヘリウムが約 99.9 % を占める．水素やヘリウムからできているといっても，われわれが知っている気体の状態ではない．太陽の中心は 2500 億気圧，1500 万度という恐ろしい世界であり，密度は水の 150 倍にもなる（物質の状態については第 11 章参照）．

しかし，水素とヘリウム以外の元素がまったくないわけではない．水素やヘリウムの原子核が融合反応を繰返し，しだいに重い原子核ができる（図 1・5）．たとえば，ヘリウムの原子核が 3 個集まれば，炭素の原子核ができる．このような反応は，寿命の近づいた赤色巨星の内部で盛んに起こっている核融合反応である．また，炭素（C）からは酸素（O）やマグネシウム（Mg）ができ，酸素からはケイ素（Si）ができ，さらに，ニッケル（Ni）ができる．ニッケルが 2 度 β^+ 崩壊すると，鉄（Fe）ができる．自然界に存在する鉄までの重さのほとんどの元素は，核融合反応を繰返すことによってできたと考えられている．

鉄よりもさらに重い元素は，超新星が爆発したときにできたと考えられている．超新星の爆発のときには，鉄などの原子核が大量の中性子を浴びる．中性子が原子核に衝突するときに陽子に変わると（β^- 崩壊），さまざまな**元素**が生

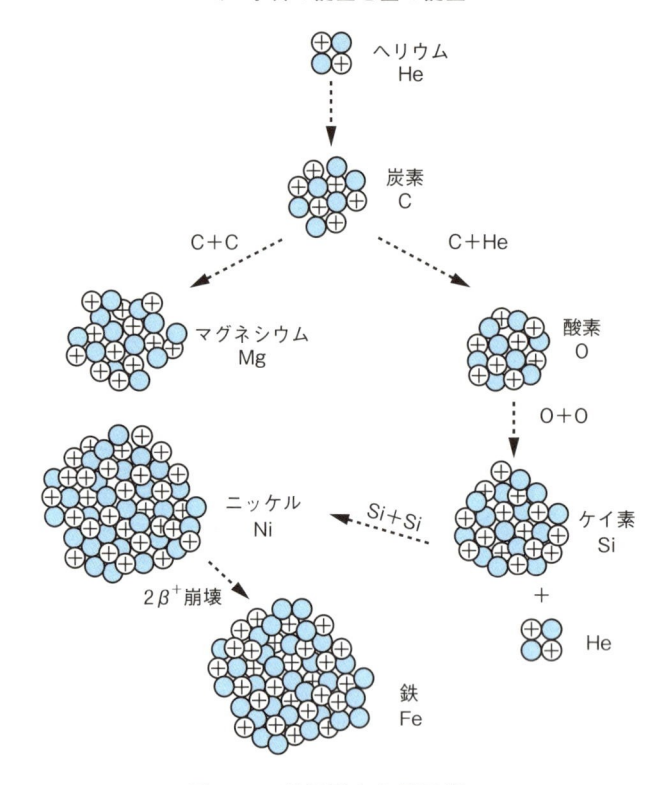

図1・5 軽元素から重元素へ

まれる．これまでに，100種類以上の元素の存在が知られている（図1・6）．
　すでに説明したように，これらの元素は，つきつめれば，すべて同じ電子と素粒子（アップとダウン）からできている．そして，これらの粒子を結びつけている力が「強い力」と「弱い力」と「電磁力」である．これらの三つの力に「重力」を加えて「**自然界の四つの基本的な力**」とよび，これらを理論的に統一しようとする努力が現在も続けられている．

1・4　宇宙空間での分子進化
　現在のように膨張の進んだ宇宙では，太陽のような極端に温度の高い部分を除けば，宇宙空間の大部分は冷えている．その温度はおよそ10 K（−263.15 ℃）

1・4 宇宙空間での分子進化

族\周期	1	2	3	4	5	6	7	8	9	10	11	12	13	14	15	16	17	18
1	1 H																	2 He
2	3 Li	4 Be											5 B	6 C	7 N	8 O	9 F	10 Ne
3	11 Na	12 Mg											13 Al	14 Si	15 P	16 S	17 Cl	18 Ar
4	19 K	20 Ca	21 Sc	22 Ti	23 V	24 Cr	25 Mn	26 Fe	27 Co	28 Ni	29 Cu	30 Zn	31 Ga	32 Ge	33 As	34 Se	35 Br	36 Kr
5	37 Rb	38 Sr	39 Y	40 Zr	41 Nb	42 Mo	43 Tc	44 Ru	45 Rh	46 Pd	47 Ag	48 Cd	49 In	50 Sn	51 Sb	52 Te	53 I	54 Xe
6	55 Cs	56 Ba	57〜71 ランタノイド	72 Hf	73 Ta	74 W	75 Re	76 Os	77 Ir	78 Pt	79 Au	80 Hg	81 Tl	82 Pb	83 Bi	84 Po	85 At	86 Rn
7	87 Fr	88 Ra	89〜103 アクチノイド	104 Rf	105 Db	106 Sg	107 Bh	108 Hs	109 Mt	110 Ds	111 Rg	112 Cn						
6	ランタノイド		57 La	58 Ce	59 Pr	60 Nd	61 Pm	62 Sm	63 Eu	64 Gd	65 Tb	66 Dy	67 Ho	68 Er	69 Tm	70 Yb	71 Lu	
7	アクチノイド		89 Ac	90 Th	91 Pa	92 U	93 Np	94 Pu	95 Am	96 Cm	97 Bk	98 Cf	99 Es	100 Fm	101 Md	102 No	103 Lr	

図 1・6 元素の周期表

程度である(温度については第7章参照).このような低い温度では,原子はやがて結合して分子になる.原子と原子が近づいて,余分なエネルギーを適当な方法で放出できれば,分子ができる(どのようにして原子と原子が結合するかは化学の重要な問題であり,第2章以降で考える).

宇宙空間には,どのような分子がどのくらい存在するのだろうか.分子の生成する確率は,単純に考えれば,互いの原子の出会う頻度(原子の存在比の積に比例)に依存するはずである.宇宙空間で最も多く存在する元素は水素原子である(表1・1).したがって,水素原子どうしの出会う頻度が最も多い.結果として,水素分子(H_2)が最も多く存在することになる.宇宙で最初に誕生した分子は水素分子であると考えられており,現在でも,宇宙空間で最も多く存在する分子が水素分子である.

表 1・1 宇宙空間(太陽系内)の元素の存在比

元素	存在比	元素	存在比
H	0.93381	Ne	0.00010
He	0.06490	Mg	0.00003
O	0.00063	Si	0.00003
C	0.00035	Fe	0.00002
N	0.00011	S	0.00001

水素分子のつぎに存在量の多い分子は，一酸化炭素（CO）である．多いといっても，水素分子の1万分の1ぐらいの量である．一酸化炭素のつぎに存在量の多い分子は，シアン化水素（HCN），イソシアン化水素（HNC），アンモニア（NH_3）などである．これらの分子の存在量は，一酸化炭素のさらに百分の1程度である．いかに宇宙空間に水素分子が多いかがわかる．その他の分子の存在量はもっと小さい．しかし，その種類は驚くほど多い．

宇宙空間に比較的多く存在する7元素（H，C，O，N，Si，P，S）を組合わせてできるほとんどの二原子分子が存在すると考えてよい（図1・7）．炭素原子だけからできている分子もある．C_2，C_3，C_4，C_5 などという分子が存在する．これまでに知られている最も長い分子は，H−C≡C−C≡C−C≡C−C≡C−C≡N という分子である．また，HCO^+ や N_2H^+ など，電気的に中性でない分子イオンも存在する．酢酸（CH_3COOH），エタノール（C_2H_5OH），アセトアミド（CH_3CONH_2）など，基本的な有機化合物も見つかっている．さらに，アミノ酸の一種であるアラニン（$CH_3CH(COOH)NH_2$）も見つかっており，生命の起源に関する研究が続けられている．

	H	C	O	N	Si	P	S
H	H_2						
C	CH	C_2					
O	OH	CO	O_2				
N	NH	CN	NO	—			
Si	—	CSi	SiO	SiN	—		
P	—	CP	PO	PN	—	—	
S	SH	CS	SO	NS	SiS	—	—

図1・7　宇宙空間での存在が確認されたおもな二原子分子

どのようにして，宇宙空間の分子を見つけるのかというと，"電波望遠鏡"を使うことが多い．日本では，長野県の野辺山に最大級の電波望遠鏡がある．第8章で詳しく説明するように，分子からは分子固有のさまざまな電磁波（紫外線，可視光線，赤外線や電波）が放射される．その電磁波をさまざまな望遠鏡で観測して，宇宙空間にどのような分子が存在するかを調べる．とくに，電

波望遠鏡で観測すると，普通の望遠鏡ではわからない分子の形に関する情報が得られる．あるいは，分子は分子固有の電磁波を吸収することもある．そこで，背景に強い電磁波を放射する星などがあるときには，吸収されて地球に届かない電磁波がどのようなものであるかを調べる．そうすれば，星と地球との間の宇宙空間に，どのような分子が存在するかを確認することができる．

　宇宙空間に存在する分子や分子イオンの中には，地球上では想像もつかないような奇妙な形をした不安定なものがある．たとえば，3個の水素原子が結合した分子イオン（H_3^+）が存在し，正三角形をしている．このような不安定な分子は，地球上では温度が高いために，他の分子などとの衝突によって簡単に壊れてしまう．しかし，宇宙空間では，その温度はおよそ10 K程度であり，分子の運動エネルギーが小さい（温度と運動エネルギーの関係については第7章参照）．また，分子の密度も小さいので，不安定な分子でも他の分子などとの衝突によって壊れることが少ない．これまでに，100種類以上の分子が宇宙空間で見つかっている．宇宙空間は，分子の進化に最も適した環境の場でもある．

1・5　地球の誕生と元素分布

　宇宙から隕石が降ってくることがある．隕石のおもな成分はそれほど特別なものではない．ケイ酸塩鉱物と金属鉄（鉄とニッケルの合金）である．ケイ酸塩鉱物の多い隕石は地球上にある石とほぼ同じ成分である．これは**石質隕石**とよばれる．一方，ほとんどが金属鉄でできている隕石もある．これは**鉄隕石**あるいは**隕鉄**とよばれる．そして，ケイ酸塩鉱物と金属鉄が同じくらい含まれているものが**石鉄隕石**である．

　宇宙空間では，このような隕石が再び「重力」によって集まり，やがて星になる．隕石こそが，われわれの太陽系の惑星，つまり，地球の材料である．隕石が集まるときに，何が起こるのだろうか．実は，重力に基づくエネルギーが熱エネルギーに変わる．また，放射性元素から放射されるエネルギーによって高温になり，隕石がどろどろと溶ける．このときの様子を想像するためには，溶鉱炉を思い出すとよい．鉄鉱石を火にかけてかき混ぜると，材料のほとんどは溶解し，鉄は下にたまり，水は蒸発し，ある部分は"あく"になる．これとよく似た現象が宇宙空間でも起き，地球のような惑星が誕生する．

地球の材料となる元素のうち,水素の大部分は水素分子となる.しかし,水素分子は地球の重力に打ち勝って宇宙空間に蒸発してしまう.水素分子は地球にはほとんど残らない.水素以外の蒸発しやすい分子,水(H_2O),窒素(N_2),二酸化炭素(CO_2)などは,地球をとりまく大気となる(図1・8).一方,地球の中心には,比重の大きな金属元素(Fe, Ni など)が金属として集まり,コアを形成する.われわれの住んでいる陸地(地殻)は,地球にとっては"あく"の部分にあたる.陸地はケイ素やアルミニウムなどの軽い酸化物(SiO_2, FeO, Al_2O_3 など)からできている.そして,重いケイ素の酸化物($MgSiO_3$, $FeSiO_3$ など)は,地殻とコアの中間のマントルとなる.地球が誕生して,しばらくすると,地球表面は冷え,大気の水蒸気は凝縮し,海洋が誕生する.このように,地球の元素分布は元素の性質に強く依存し,場所によって大きく異なる.もはや,地球の元素分布は,その材料である宇宙空間の元素分布と同じではない.

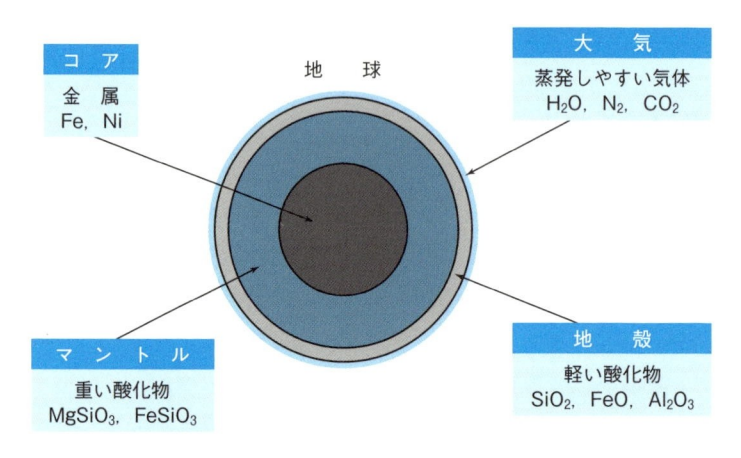

コア	地 球	大 気
金属 Fe, Ni		蒸発しやすい気体 H_2O, N_2, CO_2
マントル		地 殻
重い酸化物 $MgSiO_3$, $FeSiO_3$		軽い酸化物 SiO_2, FeO, Al_2O_3

図 1・8 地球(誕生時)の元素分布

現在の地球の元素分布,とくに地球大気の元素分布は,地球誕生時の分布とはかなり異なっている.たとえば,地球が誕生してからしばらくは,二酸化炭素と窒素が大気のおもな成分であった.しかし,現在では窒素と酸素が大気のおもな成分であり,二酸化炭素はわずかに 0.04% しかない(図1・9).これはなぜだろうか.実は,生命が長い時間をかけて,地球の環境を変えてきた結果

1・5 地球の誕生と元素分布

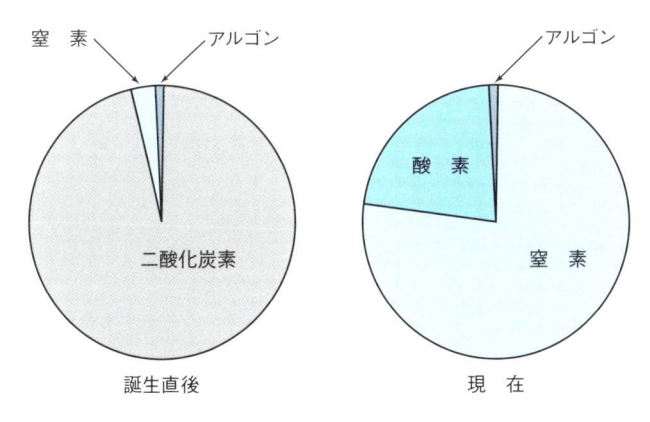

図 1・9 地球大気の主成分

である．たとえば，植物は二酸化炭素を吸収して，大量の酸素を放出した．しかし，ほとんどの酸素は地球表面のさまざまな元素の酸化に消費され，現在では，酸素の量は窒素よりも少なくなっている．そのほかにも，地球のいろいろな部分の元素分布を調べてみると，生命の影響を探ることができる．とくに，われわれ人間の影響は大きい．人間は地球環境を強引に変化させる知識と技術をもっている．その影響の大きさは，瞬時に地球全体の環境を変化させるほどの大きなものである．われわれは，地球と人間が互いに影響を及ぼしながら進化していることを認識しなければならない．

問題 1 水素と重水素は質量が違うだけで，化学的な性質はほとんど同じである．しかし，重水素からできている水（重水）を飲むと，健康に害があるといわれている．その理由を考えてみよう．

問題 2 鉄までの元素は星が誕生するときにでき，鉄よりも重い元素は超新星の爆発のときにできるといわれている．鉄までの元素と鉄よりも重い元素で何が違うのかを考えてみよう．

問題 3 宇宙空間で，原子が衝突して分子を形成するときには，余分なエネルギーを放出する必要がある．エネルギーを放出するどのような方法があるかを考えてみよう．

2

超ミクロの世界を探る

原子構造論

> 原子は,英語ではアトムという.アトムには,"もうこれ以上に分割できないもの"という意味がある.歴史的にみれば,原子は物質の最小単位として考えられていた.しかしながら,近年の科学の発展により,アトムと名付けられた原子も,詳しく調べてみると,さらに,もっと小さな粒子でできていることがしだいに明らかになってきた.ここでは,原子の構造と性質が,どのような実験方法によって,どのように決定されてきたかを理解する.

2・1 電子の発見

電子は原子を組立てる素粒子の一つである.およそ 1.60×10^{-19} C という負の電荷をもち(第1章参照),質量はおよそ 9.11×10^{-31} kg である.電子は,初め,真空中で放電したときに発生する"陰極線"として発見された.

ガラスの管の中に二つの電極を封じ込め,中の空気をある程度除いて真空にしたものを"真空放電管"とよぶ.二つの電極の間に大きな電圧をかけると,放電管の中に残っているわずかな原子核(イオン)は,電場の中で大きな運動エネルギーをもらい,陰極に衝突する.衝突するときに,陰極から粒子線が飛び出し,陽極に向かって直進する.これが**陰極線**であり,電子の流れである(図2・1(a)).陰極線と名付けたのはドイツ人のゴルトシュタイン(E. Goldstein)である.

電子が負の電荷をもっていることは,つぎのようにして確認することができる.たとえば,真空放電管の外側に磁石をおく.そうすると,陰極線の方向は下を向く.磁石によって磁場ができ,その磁場の影響を受けて,陰極線に下向きの力がかかったからである(図2・1(b)).また,真空放電管の中に,別の電極を封じ込め,いくらかの電場をかける.そうすると,陰極線は新たに封じ

込めた陽極側に引寄せられる（図 2・1(c)）．電子が負の電荷をもっていることの証明である．イギリス人のトムソン（J. J. Thomson）は，真空放電管の中に残っているわずかな空気を水素などの気体と置き換えてみても，また，陰極の種類や真空放電管のガラスの種類を変えてみても，まったく同じ性質をもつ粒子が飛び出すことを確かめた．そして，物質（原子）を構成するこの基本的な粒子のことを**電子**と名付けた．

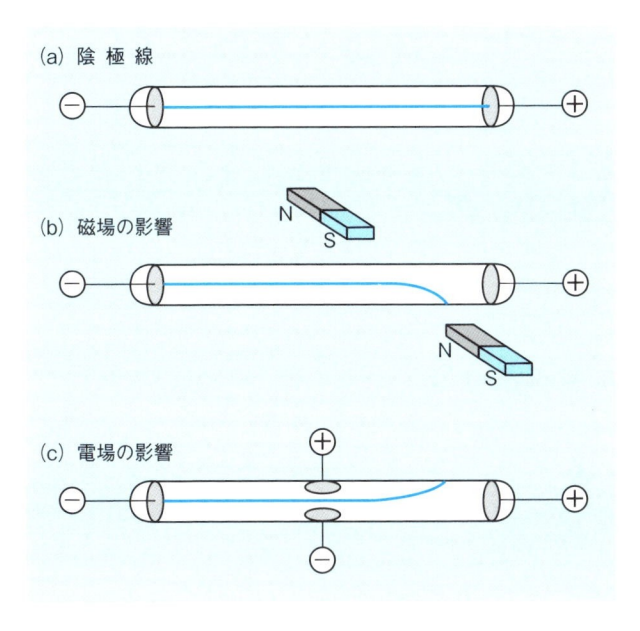

図 2・1　陰極線の性質

　原子を組立てる粒子の一つが電子であることを示すもう一つの実験がある．真空放電管の電極に光を当てる．当てる光は目に見える光（可視光線）よりも紫外線の方がよい（第 8 章参照）．そうすると，電極表面から電子が飛び出してくる（図 2・2）．この場合には，電極間に電圧をかけなくても電子が飛び出してくる．そして，飛び出した電子は反対側の電極に到達する．そこで，両方の電極を導線でつなぎ，その間に電流計を入れれば，わずかながらも電流が流れることを確認できる．確かに，電極から電子が飛び出している．これは**光電**

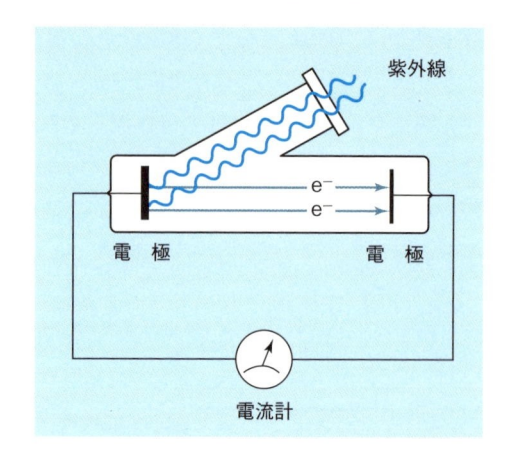

図 2・2 光電効果

効果とよばれ、現在、エネルギー問題の解決のために、いろいろなところで利用されている。

2・2 原子核の大きさ

　原子を電場の中においても動かない。原子が全体として電気的に中性だからである。しかし、すでに述べたように、原子を組立てる粒子の一つとして、負の電荷をもつ電子が原子に含まれている。このことを考えると、負の電荷をもつ電子以外に、正の電荷をもつ粒子が原子を組立てていると考えるべきである。それが**原子核**とよばれる粒子である。

　原子核のことを、ある大きさをもつ粒子として発見したのは、イギリス人のラザフォード（E. Rutherford）である。彼は、たとえば、ラジウム（Ra）という放射性元素がラドン（Rn）という元素に変化するときに放出されるα粒子を金箔に当てて、金の原子核がα粒子に影響を及ぼす空間的な範囲を調べた。α粒子は図 1・4 で示したヘリウムの原子核のことである。正の電荷をもつα粒子を、正の電荷をもつ金の原子核に衝突させると、電気的に反発されて、いろいろな方向に飛んでいく（図 2・3）。どちらの方向にどのくらいのα粒子が飛んでいくかを調べることによって、金の原子核がα粒子に及ぼす影響の範囲を決定することができる（原子核のまわりにある電子は質量が小さいので、

2・2 原子核の大きさ

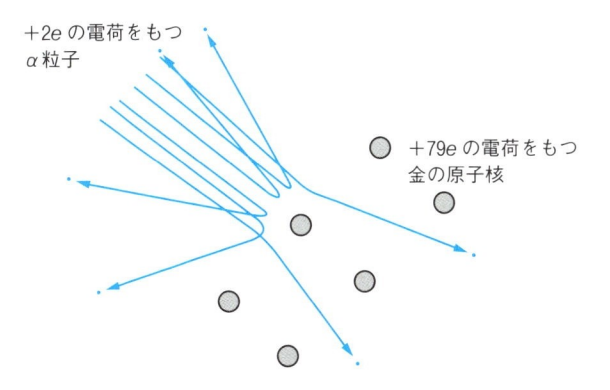

図 2・3 ラザフォードの実験原理

+2e の電荷をもつ α 粒子

+79e の電荷をもつ 金の原子核

α粒子の運動にほとんど影響を及ぼさない).ラザフォードの実験結果などから,原子核の大きさはおよそ 10^{-15} m であると結論されている.

原子全体の大きさは,たとえば,金箔にX線を当てて,回折される像を解析することによって決定することができる(図2・4).港で,波が防波堤の内側に回り込んで回折されるように,X線を金箔に当てると,波の一種であるX線も回折される.ただし,海の波と比べて,X線の回折の様子は少し複雑であ

X線源

コリメーター

金箔

写真乾板
デバイ・シェラー環

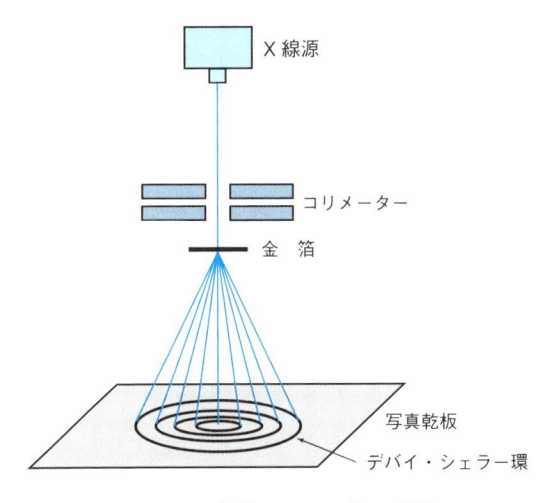

図 2・4 金箔によるX線の回折

る．金箔は無秩序な方向を向いた多数の微小結晶の集まりであり，回折されたX線は互いに干渉し合って，X線の方向を中心として，同心円のパターンが写真乾板に撮影される．これを**デバイ・シェラー環**とよぶ．環と環との間隔は，金の原子核と原子核の間隔に関係している．したがって，デバイ・シェラー環のパターンの解析から，原子核と原子核の距離を決定することができる．金箔の場合，原子核と原子核の距離はおよそ 2×10^{-10} m である．もしも，金の原子核と隣の金の原子核の真ん中に電子があり，電子が原子核と原子核を結びつけていると考えるならば，原子核から電子までの距離はおよそ 1×10^{-10} m と考えられる（10^{-10} m の単位を Å と書くこともある．"オングストローム"と読む）．

2・3 ラザフォードの原子模型

原子の構造がしだいに明らかになってきた．最も簡単な原子である水素原子の構造についてまとめてみよう．水素原子の中心には，大きさがおよそ 1×10^{-15} m の正の電荷をもつ原子核（陽子）がある．原子核の電荷の大きさは電子の電荷の大きさと同じである．一方，原子核の重さはおよそ 1.67×10^{-27} kg であり，電子の重さのおよそ 1800 倍である．また，中心からおよそ 1×10^{-10} m 離れたところには，負の電荷をもつ電子がある．電子は止まっているのだろうか．そのようなことはありえない．正の電荷をもつ原子核のそばで，負の電荷をもつ電子が止まっていられるわけがない．当然，静電引力（クーロン力）が働く．静電引力のために，たちまち，電子は引寄せられて，原子核と衝突してしまうはずである．どのように考えたらよいのだろうか．

ラザフォードは，「電子が原子核のまわりを円運動している」という原子の模型を提案した（図 2・5）．電子が円運動すれば，原子核の方向とは反対向きに遠心力が働くので，電子は原子核には引寄せられないはずであると考えた．日本の物理学者の長岡半太郎も，ラザフォードと同じ原子模型を独立に提唱したといわれている．ラザフォードの原子模型は，ちょうど，太陽とそのまわりを回る地球に似ている．太陽と地球の場合には，万有引力と遠心力が釣合っているので，太陽と地球は衝突しない．わずか，1メートルの千億分の1という超ミクロの原子の世界と，1メートルの千億倍という巨大な太陽系の世界が似ているというのであるから驚きである．

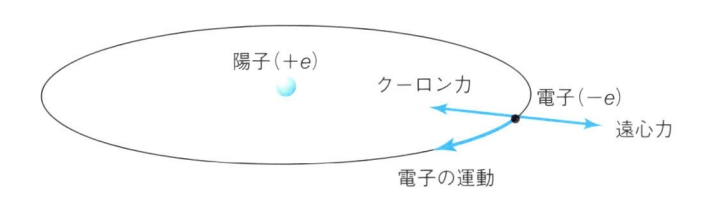

図 2·5 水素原子の模型

2·4 電子スピンと核スピン

　原子核が太陽であり,電子が地球であるとしよう. 地球はおよそ 24 時間の周期で自転している. そのおかげで,日は昇り,また,日は沈む. もしかすると,電子も地球と同じように,自転しているかもしれない. そのように考えた人達がいた.

　ドイツ人のシュテルン (O. Stern) とゲルラッハ (W. Gerlach) は, 真空中で, 不均一な磁場の中に, 水素や銀などの原子のビームを通す実験を行った (図 2·6). 不均一磁場は, 磁石の N 極をとがらせ, S 極を丸めれば容易に得られる. このようにすれば, N 極側に近い部分の磁力線の密度は, S 極側に近い部分の磁力線の密度よりも濃くなり, 不均一な磁場となる.

　このようにしてできた不均一磁場の中に, まず, 水素原子の代わりに小さな

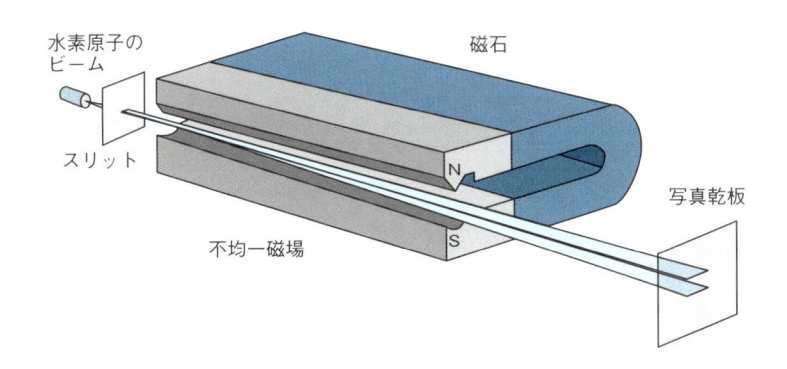

図 2·6 シュテルンとゲルラッハの実験の模式図

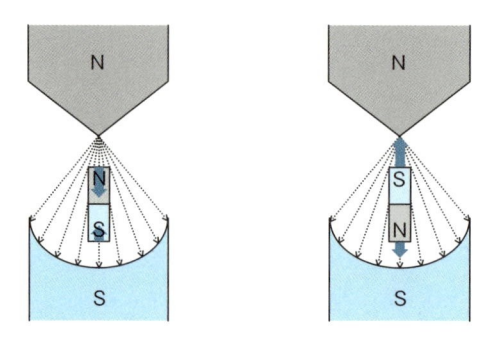

図 2・7　不均一磁場の中の磁石（断面図）

　磁石をおいて考えてみよう．小さな磁石のN極が上にある場合と，小さな磁石のS極が上にある場合の2種類を考える（図2・7）．小さな磁石のN極が上にある場合には，そのN極は磁力線の密度の濃い部分におかれているから，反対のS極よりも大きな力で反発される．結局，小さな磁石は下向きに動くことになる．逆に，小さな磁石のS極が上にある場合には，そのS極は磁力線の密度の濃い部分におかれているから，反対のN極よりも大きな力で引寄せられ，上向きに動く．こうして，小さな磁石はその向きによって，上に動いたり下に動いたりして，上下の2方向に分かれる．

　シュテルンとゲルラッハは，不均一磁場の中に，磁石の代わりに水素原子をおいても上下に分かれることを発見した．水素原子はどうして磁石になるのだろうか．オランダ人のハウトスミット（S. A. Goudsmit）とウーレンベック（G. E. Uhlenbeck）は，水素原子が磁石になる理由を「水素原子の電子は原子核のまわりを回転するだけでなく，自分自身が回転することによって磁石になる」と考えた．つまり，電子は地球と同じように自転していると考えたのである．電子が自転していることを**電子スピン**とよぶ．

　不均一磁場の中で，水素原子のビームが上下の2方向に分かれたことは，何を意味するのだろうか．実は，電子スピンの向きが2種類あることを意味している．たとえば，導線を巻いたコイルに，電流を流すときのことを思い出してみよう．電荷をもつ粒子が回転すると，磁石になることはよく知られている．電子は負の電荷をもつので，左に回転すれば右向きに電流が流れることになる．

2・4 電子スピンと核スピン

右向きの環電流によって，上がN極で下がS極の磁石になる（図2・8）．これを"右ねじの法則"という．逆に，電子が右に回転すれば，上がS極で下がN極の磁石になる．結局，電子の自転には，左回転と右回転の2種類があることになる．"左巻き電子"とか"右巻き電子"，あるいは，磁石の向きから，"上向きスピン"とか"下向きスピン"とかよばれる．いずれにしても，電子スピンには2種類がある．そして，不均一磁場の中で，電子スピンの向きによって，水素原子のビームは上下の2方向に分かれる．

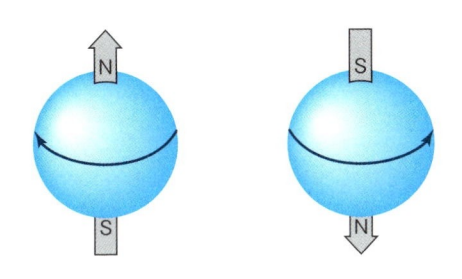

図 2・8　2種類の電子スピン

　今度は原子の中心にある原子核に着目してみよう．太陽系でいえば，原子核は太陽にあたる．よく知られているように，太陽には黒点がある．まわりよりも温度が低い部分である．およそ2000度も低い．この黒点を毎日観測していると，少しずつ動いていることがわかる．地球よりもゆっくりではあるけれども，太陽も確かに自転している．もしかすると，原子の世界でも，電子ばかりではなく，中心にある原子核も自転しているかもしれない．その通りである．原子核も自転している．原子核の自転は，電子スピンと区別して**核スピン**とよばれる．ただし，核スピンによってできる磁石の性質は，電子スピンによってできる磁石の性質よりもかなり弱い．導線を巻いたコイルに流す電流が少ないと考えればよい（なお，ここで述べた電子スピンおよび核スピンの説明は古典的イメージであり，実際に電子や原子核がくるくると回っているわけではない．詳しく知りたい人は，量子化学の教科書を参照）．

2・5 一般の原子の構造

水素原子は最も簡単な原子である．そのほかの原子の構造は，どのようになっているのだろうか．原子番号が Z の元素の原子は，中心に電子の電荷の Z 倍の正電荷をもつ原子核がある．原子核は，Z 個の陽子と，それとほぼ同じくらいの数の中性子からできている．中性子は，その質量が陽子の質量とほとんど同じであるが，陽子と違って電気的には中性である．原子番号が Z の元素の原子核に含まれる中性子の数は，1 種類に限られてはいない．陽子の数が同じであるにもかかわらず，中性子の数が異なるものを**同位体**とよぶ．同位体を区別するためには，元素記号の左肩に質量数（陽子数＋中性子数）を書くことになっている．水素原子の場合には，重水素 (D) は ^{2}H，三重水素 (T) は ^{3}H と書かれる（第 1 章参照）．同位体には安定なものと不安定なものとがあり，安定なものは**安定同位体**とよばれる（表 2・1）．不安定なものは**不安定同位体**とよばれ，エネルギーを放出しながら壊変するので，**放射性同位体**ともよばれる．また，人工的につくられた**人工同位体**もある．

表 2・1　自然界に存在するおもな同位体と存在度（1～3 周期）

^{1}H	99.9885 %	^{2}H (D)	0.0115 %				
^{4}He	99.9999 %	^{3}He	0.0001 %				
^{7}Li	92.41 %	^{6}Li	7.59 %				
^{9}Be	100 %						
^{11}B	80.1 %	^{10}B	19.9 %				
^{12}C	98.93 %	^{13}C	1.07 %				
^{14}N	99.636 %	^{15}N	0.364 %				
^{16}O	99.757 %	^{18}O	0.205 %	^{17}O	0.038 %		
^{19}F	100 %						
^{20}Ne	90.48 %	^{22}Ne	9.25 %	^{21}Ne	0.27 %		
^{23}Na	100 %						
^{24}Mg	78.99 %	^{26}Mg	11.01 %	^{25}Mg	10.00 %		
^{27}Al	100 %						
^{28}Si	92.223 %	^{29}Si	4.685 %	^{30}Si	3.092 %		
^{31}P	100 %						
^{32}S	94.99 %	^{34}S	4.25 %	^{33}S	0.75 %	^{36}S	0.01 %
^{35}Cl	75.76 %	^{37}Cl	24.24 %				
^{40}Ar	99.6003 %	^{36}Ar	0.3365 %	^{38}Ar	0.0632 %		

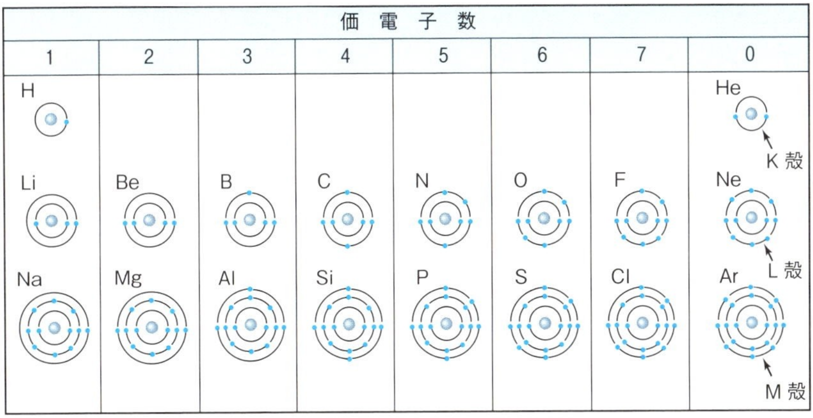

2・5 一般の原子の構造

価 電 子 数							
1	2	3	4	5	6	7	0
H							He ← K殻
Li	Be	B	C	N	O	F	Ne ← L殻
Na	Mg	Al	Si	P	S	Cl	Ar ← M殻

図 2・9 原子の古典的な電子構造模型（1～3 周期）

原子量は炭素の同位体 ^{12}C の質量を 12 と決めたときの相対的な質量である．質量数とほとんど同じ値と考えてよい．自然界に複数の同位体が存在する元素の原子量を求める場合には，それぞれの同位体の質量に存在比をかけて足す．^{12}C の原子量は正確に 12 であっても，^{13}C が 1.1 % 存在するので，炭素の原子量は 12.01 となる．

原子核のまわりには Z 個の電子がある．すべての電子はエネルギーの異なるいくつかの**殻**に入る（図 2・9）．最もエネルギーの低い安定な殻は K 殻とよばれる．K 殻には，電子スピンが上向きの電子と下向きの電子の合計 2 種類の電子が入ることができる．K 殻のつぎに安定な殻は L 殻とよばれる．L 殻には四つの部屋があり，K 殻の場合と同じように，それぞれの部屋に電子スピンの異なる 2 個の電子が入ることができ，結局，合計 8 個の電子が入ることができる．同様に，L 殻のつぎに安定な M 殻には九つの部屋があり，合計 18 個の電子が入ることができる．どうして，L 殻に四つの部屋があり，M 殻に九つの部屋があるのかについては，つぎの章で詳しく説明する（ここでは，原子の構造のイメージをつかみやすくするために，"殻"とか"部屋"とかいう言葉を使っている．しかし，実際には，原子核のまわりに殻とか部屋があって，電子がそこでじっとしているわけではない．電子にはさまざまな状態があり，単に，その状態を区別する言葉として，"殻"とか"部屋"とかいう言葉を用いている）．

Z 個の電子はエネルギーの安定な殻から入る．たとえば，炭素原子には 6 個の電子が原子核のまわりにある．そのうち，2 個の電子が K 殻に，残りの 4 個が L 殻に入る．一般の原子の化学的性質は，どこの殻にいくつの電子が入っているかによって決まる．炭素原子の場合には，K 殻の 2 個の電子ではなく，L 殻の 4 個の電子が炭素の化学的性質を決める．この L 殻のように，一部の部屋にまだ電子が入る余裕のあるときに，その殻の電子のことを**価電子**ともいう．

一般の原子について価電子の数を調べてみると，周期的に変わることに気がつく．この周期的変化は，ロシア人のメンデレーエフ（D. J. Mendeleev）が発見した元素の**周期表**に合致する（図 1・6 参照）．たとえば，ヘリウム（He），ネオン（Ne），アルゴン（Ar）などは，化学的に他の原子とほとんど結合しない**貴ガス原子**（noble gas）である（以前は**希ガス**（rare gas）とよばれていた）．これらの原子の価電子はすべてゼロである．また，リチウム（Li），ナトリウム（Na），カリウム（K）などは化学的性質が似ていて，**アルカリ金属**とよばれている．これらの原子の価電子はすべて 1 個である．元素およびその化合物の化学的性質を調べるためには，価電子の性質を調べればよいといっても過言ではない．

> **問題 1** 最近のエレクトロニクスの進歩には驚くべきものがある．身のまわりのもので，陰極線（電子線）を利用したものの例をあげ，その原理を考えてみよう．
> **問題 2** 電子スピンには上向きスピンと下向きスピンの 2 種類しかない．一方，核スピンの種類はさまざまであり，原子核の種類に依存する．たとえば，水素原子（H）とその同位体種である重水素（D）でも核スピンの種類が違う．その理由を考えてみよう．
> **問題 3** 周期表には，ランタノイドとアクチノイドとよばれる非常に性質の似た元素から成るグループがある（図 1・6 参照）．それぞれのグループはともに 15 個の元素からできている．15 という数字に何か意味があるかを考えてみよう．

3

電子は粒子か，波か？
量 子 論

　　電子は，原子を組立てる粒子の一つであり，その電荷を測ることも質量を測ることもできる．古典論では粒子であると考えて疑われることのないはずの電子が，量子論では波の性質をもつという．波とはどういうことであろうか．原子核のまわりに波があるというのだろうか．また，電子のエネルギーは連続ではなく，とびとびであるという．ここでは，電子の波動関数とエネルギーの物理的意味を探り，量子論の本質にせまる．

3・1 原子からの発光

　真空放電管の中に水素ガスをわずかに入れて，高電圧をかけると，放電してエネルギーの高い水素原子ができる．エネルギーの高い水素原子からは，光が四方八方に放射される．どのような光が放射されるのだろうか．ある方向の光だけを取出して，詳しく調べてみよう（図3・1）．そのためには真空放電管（水素ランプ）の前にスリットをおく．スリットは板にかみそりなどで細い溝をあ

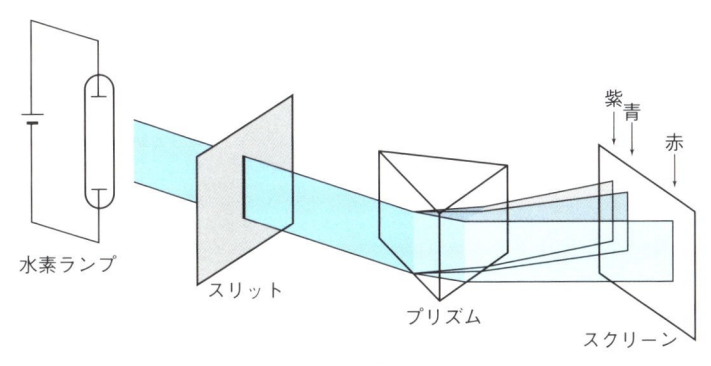

図 3・1　水素原子からの発光

けたものである．光はまっすぐに進むので，真空放電管からスリットの方向に向かい，スリットを通り抜けた光だけが，その後におかれたプリズムに到達できる．プリズムはガラスでできている．空気とガラスでは，光に対する屈折率が異なるので，プリズムから出る光の方向は，プリズムに入る光の方向と変わる．その変わり方は光の色によって異なり，紫は赤よりも大きく曲げられる．こうして，プリズムの後にスクリーンをおけば，何色の光が水素原子から飛び出してきたかを正確に知ることができる．

水素原子からは，赤と青と紫の光だけが放射される（図 3・1）．どうして，黄とか緑の光は放射されないのだろうか．このことが普通でないことは，水素ガスを入れた放電管の代わりに，白熱電球をおいて比べてみるとよくわかる（図 3・2）．白熱電球の場合には，雨上がりの後によく目にする虹と同じである（虹の場合には，水滴がプリズムの役割を果たしている）．赤から紫まで，すべての色の光がプリズムを通り抜ける．

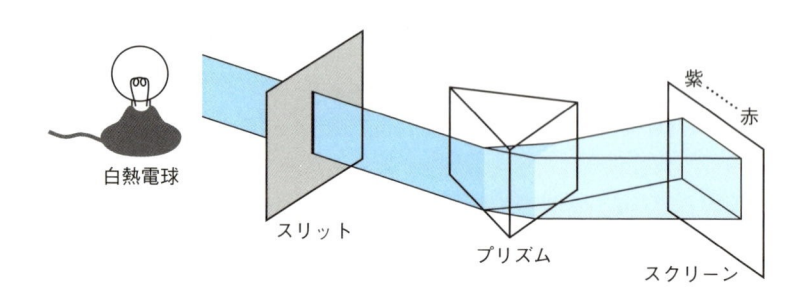

図 3・2 白熱電球からの発光

水素原子から光が放射される理由は，水素原子を組立てる粒子の一つである電子のエネルギーの状態が変わるからである．高いエネルギーをもつ電子が低いエネルギーの状態に変わるとき，余分なエネルギーを光として放射する．電磁波の一種である光は，波であるとともにエネルギーの"つぶ"であると考えてよい（第 8 章参照）．そして，"つぶ"のエネルギーは色によって異なる．

水素原子から放射される光の色が限られているということは，電子のエネルギーの状態が限られていることを意味する．つまり，電子のエネルギーは連続

の値ではなく，とびとびの値である．われわれの身のまわりのものは，すべて，エネルギーが連続に見える．しかしながら，電子のように，超ミクロの世界では，エネルギーはとびとびの値である．これが量子論の特徴の一つであり，エネルギーがとびとびであることを「エネルギーが**量子化**されている」という．

3・2 電子は回折される

第2章で述べたように，金属に光を当てると電子が飛び出す（光電効果の実験）．一方，水素原子を放電すると，高いエネルギーの状態の電子が低いエネルギーの状態に移るときに，ちょうど，その差のエネルギーをもつ光が放射される．まるで，光が電子に変化したり，電子の一部が光に変化したかのようである．このようなことを考えると，なんとなく，電子と光は同じ仲間のように感じられる．電子と光は同じ性質をもっていると考えてもおかしくはない．

光が波であるように，電子も波であると考えた人がいる．フランス人のドブロイ（de Broglie）である．彼は，電子ばかりでなく，すべての物質に波としての性質をもたせ，その波のことを**物質波**とよんだ．もしも，電子が光と同じ

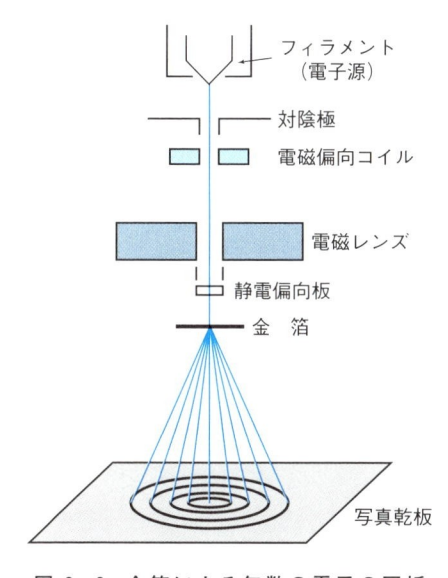

図 3・3 金箔による無数の電子の回折

ように波の性質をもつというのならば，X線が金箔によって回折されたように（第2章），電子も金箔によって回折されるのだろうか．イギリス人のトムソン（G. P. Thomson）は，X線の代わりに電子ビームを金箔に当てて，X線と同じように電子も回折され，同心円のパターンが得られることを見いだした（図3・3）．電子もX線と同様に，波の性質をもつことの実験的な証明である．

　もしも，1個の電子を金箔に当てると，どのような回折パターンが得られるのだろうか．無数の電子を当てたときと同じように，いくつもの同心円のパターンが得られるのだろうか．そんなことはありえない．1個の電子は写真乾板の上の1個の銀の原子を黒くするだけであり，ただ1点が黒くなった写真がとれるはずである（図3・4）．電子はあくまでも粒子である．それでは，どうして，無数の電子を金箔に当てると，いくつもの同心円のパターンが得られるのだろうか．古典論ならば，ニュートンの運動方程式に従って，回折されたすべての電子は，写真乾板上の同じ位置に行くはずである．しかし，超ミクロの世界は違う．量子論では，金箔と相互作用した後の電子が写真乾板上のどこへ行くかは，まったくわからない．一つめの電子は，最も内側の円のどこかへ行

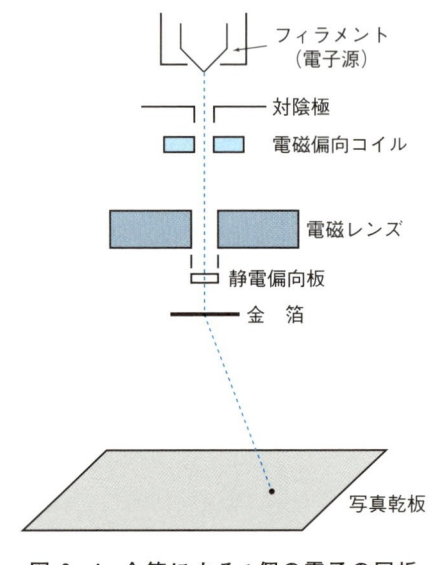

図 3・4　金箔による1個の電子の回折

くかもしれないし，二つめの電子は最も外側の円のどこかへ行くかもしれない．驚いたことに，ある特定の電子が写真乾板上のどこへ行くかは，まったく決まっていない．しかし，どのくらいの電子がどこへ行くかは正確に決まっている．つまり，最も内側の円に行く電子がどのくらいであり，最も外側に行く電子がどのくらいであるか，その確率は正確に決まっている．

　われわれは，写真乾板上の電子の存在確率を知ることはできる．実は，その存在確率を表すものが電子の波の"振幅"である．振幅とは何だろうか．光でいえば，振幅が大きければまぶしく，小さければ弱々しい．そして，光と同じ電磁波の一種であるX線を金箔に当てたときに，X線の振幅の大きいところが写真乾板の上でいくつかの黒い同心円になる．したがって，電子の場合にも，X線と同じように，波の振幅の大きいところが同心円になると解釈できる．同心円のところは電子がたくさん存在し，存在確率が大きいところであるから，電子の存在確率は波の振幅でもある．ただし，存在確率は常にプラスの値であるけれども，波の振幅はプラスになったりマイナスになったりする．そこで，常にプラスの値をとるようにするために，振幅を2乗したものが存在確率を表すと考える．これがドイツ人のボルン（M. Born）によって提唱された電子の波の振幅についての量子論的な考え方である．

3・3　水素原子のエネルギー

　水素原子の電子について，その波の振幅を理論的に求めたのがオーストリア人のシュレーディンガー（E. Schrödinger）である．彼は原子核のまわりにある電子を波とみなし，波のエネルギーに関する方程式を立て，その方程式を解いて振幅を求めた．振幅の値は，電子が原子核に対してどの位置にあるかによって変わる．つまり，位置の関数である．振幅を表すこの関数のことを**波動関数**という．そして，波動関数のことをギリシャ文字の Ψ（プサイ）で表す．

　波動関数は3種類の整数によって特徴づけられる．これらの整数を**量子数**とよび，n, l, m の記号で表す．n は**主量子数**，l は**方位量子数**，m は**磁気量子数**とよばれる．電子のエネルギーが連続ではなく，とびとびの値であることについてはすでに述べた．実は，電子のエネルギーはこの主量子数 n に依存し，n は整数であるから，電子のエネルギーもとびとびの値になる．

3. 電子は粒子か，波か？

シュレーディンガーが求めた水素原子の電子のエネルギーは，

$$E_n = -\frac{m_e e^4}{8\varepsilon_0^2 h^2}\frac{1}{n^2} \qquad (3\cdot 1)$$

である．ここで，m_eは電子の質量，eは電子の電荷，ε_0とhはそれぞれ"真空中の誘電率"と"プランク定数"とよばれる定数であるが，その内容についてはここでは気にしなくてもよい．大事なことは，nが整数の値なので，エネルギーがとびとびの値になるということである．そして，もう一つの大事なことは，マイナスの符号がつき，nの2乗に反比例するので，nが小さいほどエネルギーは低く，その状態は安定になるということである（nが無限大になると，エネルギーは最も高く，その値は基準値のゼロとなる）．

電子のエネルギーをグラフにしてみよう（図3・5）．この図を使って，水素原子からの発光を解釈することができる．詳しいことは省略するが，主量子数nが3から2の状態に移るときに赤の光，4から2の状態に移るときに青の光，そして，5から2の状態に移るときに紫の光が放射される．電子のエネルギーの状態がとびとびなので，出てくる可視光線の種類も限られている．水素原子

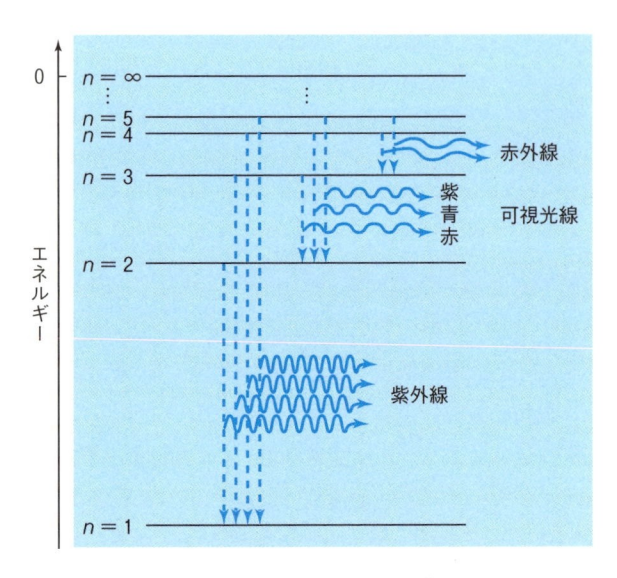

図 3・5 電子のエネルギー準位図

からは，可視光線のほかに，赤外線や紫外線も放射される（図3・5）．

3・4 水素原子の波動関数

方位量子数 l と磁気量子数 m も，主量子数 n と同じように整数であるが，どんな整数でもとれるわけではない（シュレーディンガー方程式を解いたときの解の性質）．l はゼロから始まって $n-1$ までの値をとるという条件がある．

$$l = 0, 1, 2, \cdots\cdots, n-1$$

また，m は $-l$ から始まって，l までの値をとるという条件がある．

$$m = -l, -l+1, \cdots\cdots, l$$

したがって，主量子数 n が1のときには $n-1$ が0であるので，方位量子数 l は0の値しかとれない．そして，l が0であるから，磁気量子数 m も0の値しかとれない．つまり，n が1のときには，(n, l, m) は $(1, 0, 0)$ の組合わせしかとれない．この組合わせの波動関数のことを1s軌道と名付ける約束になっている．1は n が1であることを表し，sは l が0であることを表す記号である．また，もしも，n が2ならば，l は0か1の値をとれる．そして，l が0のときには m は0，l が1のときには m は -1, 0, 1の値をとれる．(n, l, m) が $(2, 0, 0)$ のときの波動関数を2s軌道と名付ける．また，l が1のときの波動関数をp軌道と名付けることになっている．2p軌道という波動関数には3種類がある．$2p_x$ 軌道，$2p_y$ 軌道，$2p_z$ 軌道とよぶ．同様にして，$n=3$ のときには，1種類の3s軌道と3種類の3p軌道，そして，5種類の3d軌道という波動関数がある（l が2のときにはd軌道と名付ける）（表3・1参照）．

最もエネルギーの低い1s軌道の波動関数を調べてみよう．このときの波動関数は，実は，原子核と電子との距離のみの関数であり，電子がどちらの方向にあるかには関係しない．つまり，球対称である．波動関数の同じ値の点をつなぎ合わせると，球面ができる．ある値の球面を表したものが図3・6(a)である．そして，yz 平面で切った断面が図3・6(b)である．もちろん，波動関数の値が0.6のときも，0.8のときもすべて円になる．波動関数の値は内側ほど大きな値になっている（天気図の台風をイメージするとわかりやすい）．

2番目にエネルギーの低い $n=2$ の状態の波動関数を調べてみよう．この場合には，すでに述べたように4種類の波動関数がある．一つは，1s軌道と同

30   3. 電子は粒子か，波か？

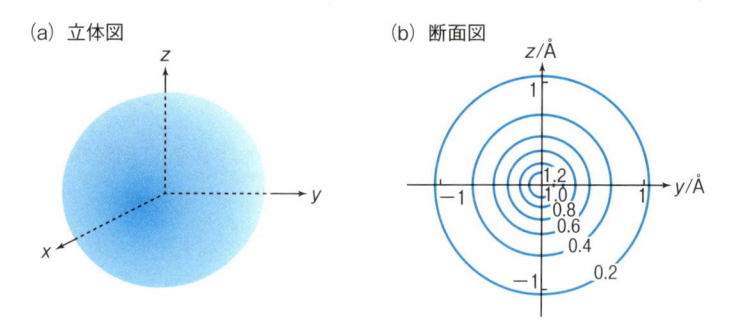

(a) 立体図

(b) 断面図

図 3・6 1s 軌道の波動関数

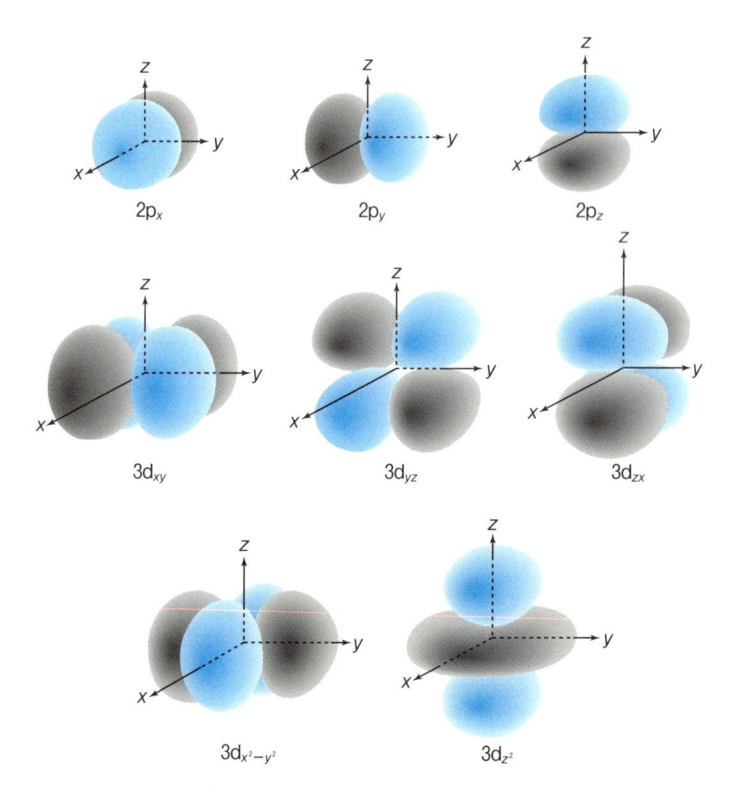

2p$_x$

2p$_y$

2p$_z$

3d$_{xy}$

3d$_{yz}$

3d$_{zx}$

3d$_{x^2-y^2}$

3d$_{z^2}$

図 3・7 2p 軌道および 3d 軌道の波動関数

様に球対称な 2s 軌道である．残りの 2p 軌道には，形は同じで，方向だけが異なる 3 種類の波動関数がある（図 3・7）．これらの波動関数は軸対称であり，そして，たとえば，x のときの値と $-x$ のときの値を比べると，絶対値が同じで符号が逆になる（プラスを青，マイナスを黒で示してある）．

2s 軌道と 3 種類の 2p 軌道は，主量子数 n の値が同じ 2 であるから，(3・1)式からわかるように，エネルギーの値はすべて同じである．このようなとき，これらの軌道は **縮重** あるいは **縮退** しているという．$n=3$ の状態では，3s 軌道と 3p 軌道（3 種類）と 3d 軌道（5 種類）の合計 9 種類の軌道が縮重している．

3・5 一般の原子の電子配置

一般の原子では，水素原子の場合と異なり，主量子数 n が同じであっても，方位量子数 l が異なると，エネルギーの値には少し差がある．つまり，縮重しなくなる．その理由は，原子核のまわりの電子の数が 2 個以上になって，電子どうしの反発が起こるためである．エネルギーの低い順（安定な順）に軌道を不等号で並べれば，

$$1s < 2s < 2p < 3s < 3p < 4s \sim 3d < 4p < 5s \sim 4d$$

となる．4s 軌道と 3d 軌道，あるいは 5s 軌道と 4d 軌道では，主量子数 n が異なるにもかかわらず，エネルギーの値がほとんど同じである．

それぞれの軌道には，すでに第 2 章で述べたように，電子スピンの異なる電子が 2 個ずつ入る．これを **パウリ**（Pauli）**の排他原理** という．電子はエネルギーの低い軌道から先に入る．水素原子からアルゴン原子まで，どの軌道に何個の電子が入るかを図 3・8 に示す．ただし，p 軌道に 2 個以上の電子が入るときには，若干の注意が必要である．すでに述べたように，2p 軌道には $2p_x$ 軌道，$2p_y$ 軌道，$2p_z$ 軌道の 3 種類がある．これらの軌道は方向が違うだけで形は同じなので，一般の原子でも水素原子の場合と同様に縮重している．そして，炭素原子のように，これらの軌道に 2 個の電子が入るときには，同じ 2p 軌道に電子スピンの向きを逆向きにして入るのではなく，別の軌道（たとえば，$2p_x$ 軌道と $2p_y$ 軌道）に電子スピンの向きをそろえて入る．これを **フント**（Hund）**の規則** という．もちろん，窒素原子のように 3 個の電子が入るときには，3 種類の 2p 軌道に電子スピンの向きをそろえて別々に入る．同じ原子核

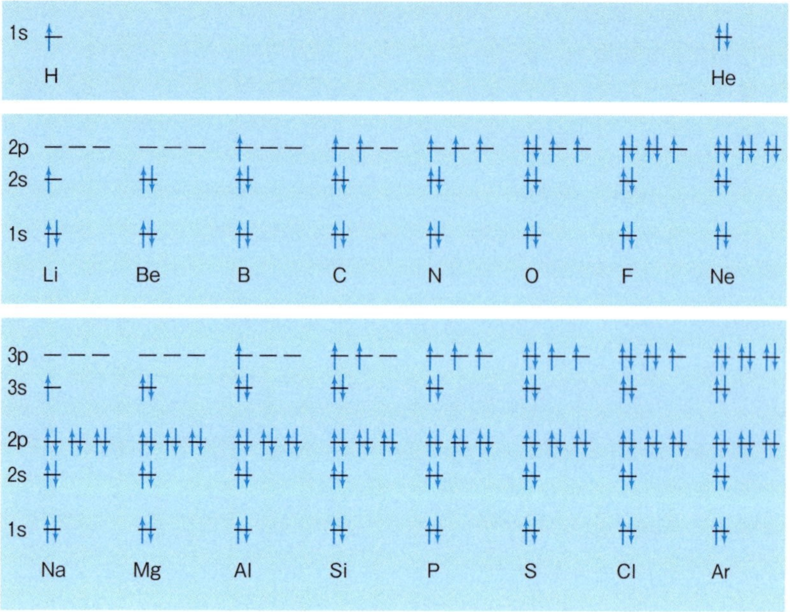

図 3・8　原子の電子配置（1〜3周期）

のまわりでは，電子どうしは空間的に離れていた方が，反発が少ないからである．

　第 2 章で，古典的な電子構造模型（図 2・9）について述べた．量子論的に解釈すれば，K 殻とは，実は，1s 軌道のことである（表 3・1）．同様に，L 殻の四つの部屋とは，n が 2 の軌道（1 個の 2s 軌道および 3 個の 2p 軌道）のことであり，M 殻の九つの部屋とは，n が 3 の軌道（1 個の 3s 軌道，3 個の 3p 軌道および 5 個の 3d 軌道）のことである．そして，それぞれの部屋に 2 個ずつ電子が入る理由は，電子には 2 種類の電子スピンの向きがあり，パウリの排他原理によって制限されているからである．

　もしも，電子に十分なエネルギーを与えると，電子は原子核の束縛からのがれて自由になることができる．これを**イオン化**といい，イオン化に必要なエネルギーを**イオン化エネルギー**という．水素原子の場合には，イオン化エネルギーは 1s 軌道のエネルギーの絶対値となる．つまり，(3・1)式を使って表現

3・5 一般の原子の電子配置

表 3・1 殻と量子数と軌道の関係

殻	主量子数 n	方位量子数 l	磁気量子数 m	電子の最大数	軌道
K	1	0	0	2	1s
L	2	0	0	2	2s
		1	−1, 0, 1	6	2p
M	3	0	0	2	3s
		1	−1, 0, 1	6	3p
		2	−2, −1, 0, 1, 2	10	3d

すれば，$E_\infty - E_1$ である．2個以上の電子をもつ一般の原子では，1個目の電子が自由になる（1価の陽イオンになる）ためのエネルギーを"第一イオン化エネルギー"，2個目の電子が自由になる（2価の陽イオンになる）ためのエネルギーを"第二イオン化エネルギー"とよんで区別する．それらの値はすべて異なり，価数が大きくなるにつれて，必要なイオン化エネルギーも大きくなる．逆に，電子が原子に付着する（1価の陰イオンになる）こともある．この場合には，電子のエネルギーは基準値のゼロよりも低い値になるので，エネルギーが放出される．このエネルギーを**電子親和力**という．エネルギーであるにもかかわらず，なぜか「力」という言葉が使われている．

問題 1 水素を放電させると，可視光線ばかりではなく，とびとびのエネルギーをもつ赤外線も紫外線も放射される．しかし，本文で述べたプリズムを使っては，うまく実験ができない．その理由を考えてみよう．

問題 2 電子と同じように，われわれ人間もまた波であると考えることができる．しかし，現実にはゆれ動く波として感じることはない．その理由について考えてみよう．

問題 3 一般の原子では，主量子数 n が同じときには，s 軌道よりも p 軌道，p 軌道よりも d 軌道の方がエネルギーは高い．その理由を波動関数の形から考えてみよう．

4

分子を支配する波動関数
分 子 軌 道 法

> 分子は，原子と原子が結合してできている．その結合を担っているものが電子である．しかしながら，電子があれば，必ず結合するというわけではない．たとえば，2個のヘリウム原子を近づけても，ヘリウム分子はできない．一方，2個の水素原子を近づければ，水素原子は結合して水素分子ができる．なぜだろうか．ここでは，波動関数とそのエネルギーを調べて，化学結合の本質を理解する．量子論では，いくら複雑な分子の構造も性質も，波動関数から明らかにすることができる．

4・1 水素原子から水素分子へ

　高校生のときに，水の電気分解の実験をしたことがある．水に電気を流すと，先生が説明してくれたように，陰極側から水素ガスが発生した．しかし，よくよく考えてみると，水素ガスが発生することは，とても不思議なような気もした．陰極側では電子が供給されるので，正の電荷の水素イオンと負の電荷の電子が電気的な力によって結合して，水素原子になることは，すぐに，理解できた（$H^+ + e^- \rightarrow H$）．しかし，どうして，電気的に中性な2個の水素原子が結合して，水素分子になるのだろうか（$H + H \rightarrow H_2$）．この謎を解くためには，量子論を理解する必要があった．

　第3章では，水素原子の中の電子の性質を量子論的に調べた．その結果，正の電荷をもつ原子核のまわりで，電子がどこにどのくらいの確率で存在するかということを知ることができた．すなわち，波動関数を知ることができた．2個の水素原子が近づいて水素分子ができると，電子はどこにどのくらいの確率で存在するのだろうか．そのためには，やはり，水素分子の中の電子の波動関数を知らなくてはならない．

　残念ながら，われわれは，3個以上の粒子の運動を厳密に知ることはできな

い（これを物理学では"三体問題"という）．最も簡単な分子の一つである水素分子ですら，2個の原子核と2個の電子の，合計4個の粒子の運動を扱わなければならない．このようなときには，シュレーディンガー方程式を解いて，厳密に波動関数を求めることは不可能である．そこで，近似を用いることになる．その方法はつぎの通りである．まず，図4・1のように，二つの原子核にAとBの名前を付けることにしよう．もしも，電子が原子核Aの近くにあるときには，水素原子A（H_A）の波動関数 $\varPsi_A$ によって，その存在確率が表されると考えても，それほど不思議ではない．そして，もしも，電子が原子核Bの近くにあるときには，水素原子B（H_B）の波動関数 $\varPsi_B$ によって，その存在確率が表されると考える．つまり，分子になったときには，それぞれの原子の波動関数の重ね合わせによって，分子の波動関数が表されると考える．これを **LCAO**（Linear Combination of Atomic Orbitals）**近似**という．

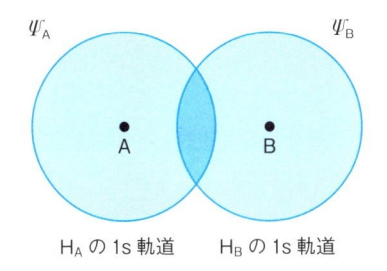

図 4・1　水素分子の波動関数

4・2　分子の波動関数

　原子核Aと原子核Bのちょうど真ん中で，波動関数が重ね合わさる様子を調べてみよう．一般に，波を重ね合わせるときには，二通りの重ね合わせ方がある．波の位相をそろえて重ね合わせる方法と，位相を逆にそろえて重ね合わせる方法である（図4・2）．式で表すとつぎのようになる．

$$\begin{aligned}\varPsi_+ &= \varPsi_A + \varPsi_B \\ \varPsi_- &= \varPsi_A - \varPsi_B\end{aligned} \quad (4 \cdot 1)$$

波動関数 $\varPsi_+$ の振幅は，$\varPsi_A$ の振幅と $\varPsi_B$ の振幅を足し合わせたことになり，2倍となる．すでに，第3章で述べたように，波動関数の振幅を2乗したもの

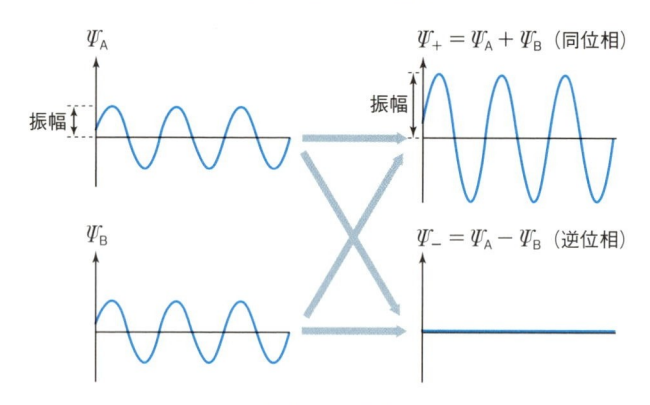

図 4・2　一般的な波の重ね合わせ

が電子の存在確率を表す．したがって，分子の波動関数 Ψ_+ では，原子核 A と原子核 B の真ん中で，電子の存在する確率が大きくなる．負の電荷をもつ電子は，正の電荷をもつ原子核 A と正の電荷をもつ原子核 B をつなぎ合わせる役割を果たし，たとえて言うならば，「"糊"が増えた」と考えればよい．もちろん，Ψ_+ で存在確率を表される状態にある電子のエネルギーは，原子のときの Ψ_A あるいは Ψ_B のエネルギー，すなわち，1s 軌道にある電子のエネルギーよりも低く，安定である(図 4・3)．このエネルギー差を**安定化エネルギー**という．

一方，波動関数 Ψ_- の振幅は，Ψ_A の振幅から Ψ_B の振幅を差し引いたことになり，ゼロである．すなわち，原子核 A と原子核 B の真ん中で，電子の存在確率がない．したがって，正の電荷をもつ原子核 A と正の電荷をもつ原子核 B は直接に向かい合うことになり，電気的に反発し，お互いにできるだけ離れようとする．もちろん，Ψ_- で存在確率を表される状態にある電子のエネルギーは，原子のときの Ψ_A あるいは Ψ_B のエネルギー，すなわち，1s 軌道にある電子のエネルギーよりも高く，不安定である．Ψ_+ で表される波動関数を**結合性軌道**，Ψ_- で表される波動関数を**反結合性軌道**という．

水素分子には 2 個の電子があり，分子の場合も原子の場合と同様に"パウリの排他原理"によって制約される．すなわち，2 個の電子は電子スピンの向きを逆にして，ともに結合性軌道に入る (図 4・3)．安定化エネルギーは 1 個の

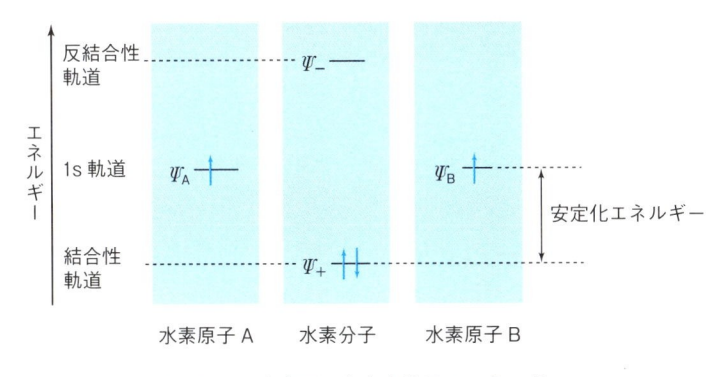

図 4・3　水素原子と水素分子のエネルギー

電子の場合よりも大きい．この安定化エネルギーのおかげで，ばらばらの原子は結合して分子を形成する．この結合のことを**共有結合**とよぶ．水素原子は電気的に中性であっても，波動関数の重なりによって安定化し，そして，水素分子ができる．

4・3　ヘリウム分子は存在するか？

　それでは，ヘリウム分子が存在するかどうか，量子論を使って，波動関数とエネルギーで考えてみよう．ヘリウム原子には，それぞれ 2 個の電子がある（図 4・4）．つまり，ヘリウム分子には合計 4 個の電子が存在する．4 個の電子はパウリの排他原理に従って，結合性軌道に 2 個，反結合性軌道に 2 個入る．そうすると，せっかく結合性軌道の電子によって得をした安定化エネルギーも，不安定な反結合性軌道の電子の不安定化エネルギーによって，キャンセルされてしまう．結局，ヘリウム原子が結合してヘリウム分子になっても，エネルギーは得をしない．すなわち，分子になるための安定化エネルギーがないので，ヘリウム分子は安定に存在しない（絶対に存在しないわけではない（第 6 章参照））．

　もしも，ヘリウム分子から 1 個の電子を取除くと，どうなるだろうか．負の電荷をもつ電子がなくなるから，分子は正の電荷をもつイオンになる．化学式では He_2^+ と書き，"ヘリウム分子イオン"とよぶ．この場合にも，図 4・4 のヘリウム分子の場合と同様に，結合性軌道と反結合性軌道ができる．ただし，

4. 分子を支配する波動関数

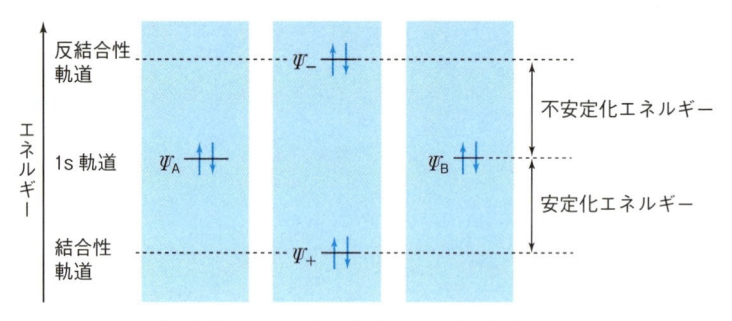

図4・4 ヘリウム原子とヘリウム分子のエネルギー

ヘリウム分子イオンの場合には，電子の数が4個ではなく，3個である．したがって，安定化エネルギーは不安定化エネルギーの2倍もあり，安定化エネルギーはキャンセルされることはなく，ヘリウム分子イオンは安定に存在することができる．実際に，実験によって，ヘリウム分子イオンの存在が確かめられている．ヘリウム分子は不安定で存在できなくても，1個の電子を取除いたヘリウム分子イオンならば安定に存在できる．

それでは，水素分子から1個の電子を取除いた水素分子イオン（H_2^+）では，どうなるだろうか．この場合には，水素分子に比べて1個の結合電子が少なくなるので，水素分子ほど安定ではない．それでも，反結合性軌道に電子はないから，安定化エネルギーによって水素分子イオンは安定に存在する．水素分子イオン，水素分子，ヘリウム分子イオン，ヘリウム分子の結合距離および結合エネルギーを表4・1で比較した．結合距離の単位のÅは10^{-10} mを表す（第2章参照）．また，結合エネルギーの単位であるeVは，電子に1ボルトの電圧をかけたときのエネルギーの値に相当する．この表からもわかるように，確か

表4・1 H_2^+, H_2, He_2^+, He_2の結合距離と結合エネルギー

分子	電子数	結合距離(Å)	結合エネルギー(eV)
H_2^+	1	1.06	2.64
H_2	2	0.74	4.47
He_2^+	3	1.08	2.60
He_2	4	安定に存在しない	

に，水素分子イオン（H_2^+）は水素分子（H_2）よりも不安定であり，ヘリウム分子イオン（He_2^+）はヘリウム分子（He_2）よりも安定である．そして，水素分子イオン（H_2^+）とヘリウム分子イオン（He_2^+）の安定性はほとんど同じである．なぜならば，結合性軌道の電子数と反結合性軌道の電子数の差が同じだからである．

4・4　σ軌道とπ軌道

　水素分子やヘリウム分子を考えるときには，1s 軌道の波動関数の重なりだけを考えればよかった．分子を構成する前の原子の状態で，電子は 1s 軌道だけに入っていたからである．それでは，窒素分子や酸素分子など，もっと，たくさんの電子があり，たくさんの軌道を必要とする分子の場合にはどうなるのだろうか．この問題に答えることはそれほど難しくない．1s 軌道の波動関数と 1s 軌道の波動関数が重なって，結合性軌道と反結合性軌道ができたように，2s 軌道の波動関数と 2s 軌道の波動関数が同位相で重なれば結合性軌道ができるし，逆位相で重なれば反結合性軌道ができる．もちろん，結合性軌道に入る電子はエネルギーを安定化し，反結合性軌道に入る電子は不安定化する．

　2p 軌道の場合も同様である．ただし，注意しなければならないことがある．すでに，第3章で説明したように，2p 軌道には 3 個の軌道があり，それらを $2p_x$ 軌道，$2p_y$ 軌道，$2p_z$ 軌道とよんだ．原子核と原子核を結ぶ軸，すなわち，分子軸を z 軸にとり，それぞれの軌道がどのように重なるかを考えてみよう．図 4・5 には，$2p_x$ 軌道の場合の結合性軌道と反結合性軌道の様子を描いた．同位相で波動関数が重なれば結合性軌道ができるし，逆位相で波動関数が重なれば反結合性軌道ができる．$2p_y$ 軌道の場合には，x 方向と y 方向という違いはあるけれども，$2p_x$ 軌道とまったく同様である．

　$2p_x$ 軌道や $2p_y$ 軌道からできる軌道は，分子軸を含む水平面の上ではすべて波動関数の値がゼロになる．このような軌道のことを**π軌道**という．分子軸方向から眺めたときに，p 軌道と同じように見える軌道を π 軌道とよぶと思えばよい．そして，もとの原子軌道の名前，$2p_x$ あるいは $2p_y$ を添える．また，反結合性軌道には * を付けて，結合性軌道と区別する．つまり，π*軌道と書く．

　一方，$2p_z$ 軌道の波動関数が重なるときには，$2p_x$ や $2p_y$ 軌道の波動関数が重

4. 分子を支配する波動関数

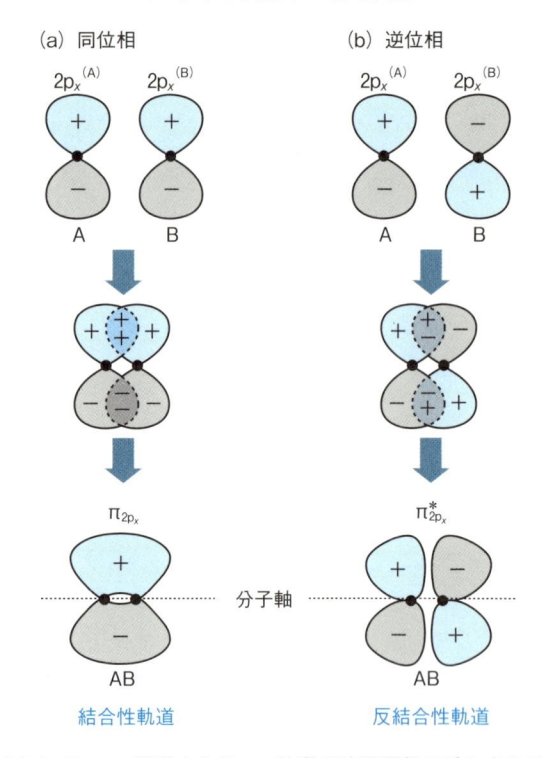

(a) 同位相　　　　　　(b) 逆位相

図 4・5　$2p_x$ 軌道または $2p_y$ 軌道の波動関数の重ね合わせ

なるときとは，ずいぶんと様子が違う（図 4・6）．それは，原子と異なり，分子は球対称ではないからである．分子軸方向の波動関数が分子軸に直交する波動関数と違っていても，それほど驚く必要はない．もちろん，同じように，$2p_z$ 軌道からも結合性軌道と反結合性軌道の両方ができるけれども，同位相から反結合性軌道ができ，逆位相から結合性軌道ができる．

$2p_z$ 軌道からできる軌道は，分子軸を含む水平面の上では，原子核の位置以外は波動関数の値がゼロとはならない．このような軌道を **σ 軌道**とよぶ．分子軸方向から眺めたときに，s 軌道と同じように見える軌道を σ 軌道とよぶと思えばよい．1s 軌道や 2s 軌道からも，同様に，σ 軌道ができる．同じ σ 軌道を区別するために，σ_{2s} とか σ_{2p_z} のように，もとの原子軌道の名前を添える．

4・5 二原子分子の電子配置

(a) 同位相　　　　　　　　(b) 逆位相

反結合性軌道　　　　　　　結合性軌道

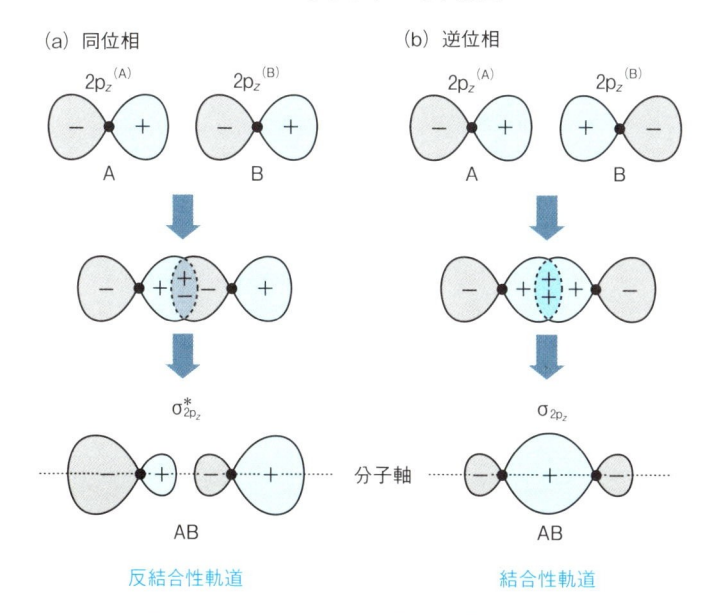

図 4・6　$2p_z$ 軌道の波動関数の重ね合わせ

4・5　二原子分子の電子配置

すでに述べたように，パウリの排他原理やフントの規則は，原子だけではなく分子でも成り立つ．そうすると，おもな等核二原子分子の電子配置は図4・7のようになる．エネルギーの安定な順番に軌道を並べると，

$$\sigma_{1s} < \sigma_{1s}^* < \sigma_{2s} < \sigma_{2s}^* < \pi_{2p_x} = \pi_{2p_y} \sim \sigma_{2p_z} < \pi_{2p_x}^* = \pi_{2p_y}^* \sim \sigma_{2p_z}^*$$

となっている．なお，2p 軌道からできる分子軌道の順番には注意が必要である．そもそも，原子の $2p_x$ 軌道と $2p_y$ 軌道は $2p_z$ 軌道と縮重をしていて，エネルギーの値は同じであるから，分子になってもそれほど差があるわけではない．詳しいことは省略するけれども，窒素分子までは π_{2p_x} 軌道および π_{2p_y} 軌道の方が σ_{2p_z} 軌道よりも安定である．そして，酸素分子からは σ_{2p_z} 軌道の方が π_{2p_x} 軌道および π_{2p_y} 軌道よりも安定になる．

たとえば，窒素分子の電子配置を詳しく調べてみよう．窒素分子は全部で14個の電子がある．パウリの排他原理に従って，電子をエネルギーの低い軌道から順番に入れていくと，σ_{1s}, σ_{1s}^*, σ_{2s}, σ_{2s}^*, π_{2p_x}, π_{2p_y}, σ_{2p_z} の七つの軌道に

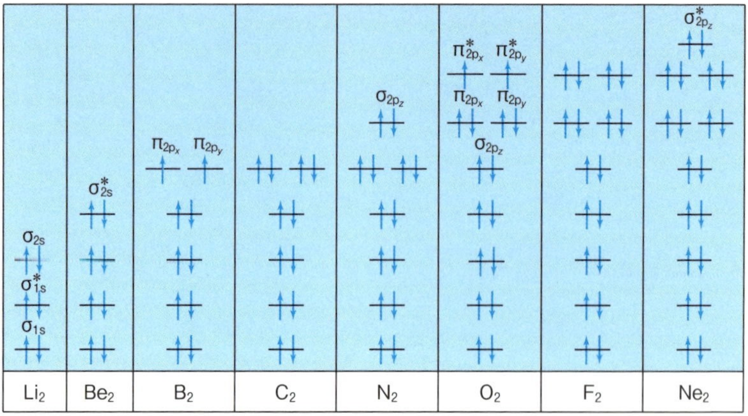

図 4・7 おもな等核二原子分子の電子配置

2個ずつ電子が入り，ちょうどぴったりである．したがって，窒素分子は化学的にも物理的にも性質が安定である．一方，酸素分子では，窒素分子よりも電子が2個多いので，どうしても反結合性軌道である $\pi_{2p_x}^*$ 軌道と $\pi_{2p_y}^*$ 軌道に入らなければならない．もちろん，フントの規則によって，1個ずつの電子が電子スピンの向きをそろえて入る．このようなペアになっていない電子は第2章で説明した"原子の価電子"と同じなので，酸素分子は窒素分子よりも反応性が高い．酸素によって酸化される現象は身のまわりでよく経験することである．また，窒素分子と異なり，酸素分子では，$\pi_{2p_x}^*$ 軌道の電子と $\pi_{2p_y}^*$ 軌道の電子の電子スピンの向きがそろっている．つまり，磁石の性質がある（第2・4節参照）．実際に液体酸素に磁石を近づけてみると，なんと，液体酸素は磁石にくっつく．もちろん，液体窒素は磁石にはくっつかない．

　異なる2種類の元素からなる分子，つまり，異核二原子分子の場合には，分子軌道および電子配置は少し複雑である．具体的に，フッ化水素分子（HF）を考えてみよう．水素原子は電子が1個であるから，最もエネルギーの低い1s原子軌道のみを考えればよい．一方，フッ素原子は電子が9個であるから，パウリの排他原理を考えれば，1s原子軌道に2個，2s原子軌道に2個，2p原子軌道（$2p_x, 2p_y, 2p_z$）に5個の電子が入る．したがって，これら5種類の原子軌道を考えなければならない（図4・8）．

4・5 二原子分子の電子配置

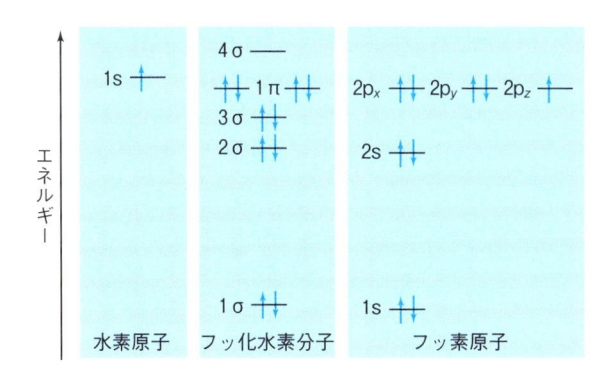

図 4・8 フッ化水素分子のエネルギーと電子配置

等核二原子分子と同じように,水素原子の 1s 軌道とフッ素原子の 1s 軌道が重なって,σ 分子軌道をつくると思うかもしれないが,そうではない.波動関数と波動関数が重なるためには,できるだけエネルギーの値が近くなければならないという条件がある.フッ素原子は原子核の正の電荷が水素原子の 9 倍もあり,9 倍もの強い力で電子を引っ張っているので,1s 軌道のエネルギーの値は水素原子の 1s 軌道に比べてとても低く,安定である.そして,それぞれの 1s 軌道の波動関数はほとんど重なることはなく,フッ素原子の 1s 軌道はフッ化水素分子になっても原子軌道のままである.この軌道の電子は**内殻電子**とよばれ,化学反応にはほとんど関与しない.

水素原子の 1s 軌道のエネルギーの値に近いフッ素原子の軌道は,2s 軌道および 2p 軌道である.ただし,ここで,もう一つの重要な条件がある.波動関数が重なるためには,原子軌道が直交していないことが必要である.いま,水素原子とフッ素原子を結ぶ分子軸を z 軸とすると,水素原子の 1s 軌道とフッ素原子の 2s 軌道と $2p_z$ 軌道は同じ軸対称であり,分子軸方向から眺めれば,同じような形に見える.つまり,お互いに直交していないので分子軌道をつくることができる(図 4・9(a),(b)).等核二原子分子で説明した σ 軌道である.一方,水素原子の 1s 軌道とフッ素原子の $2p_x$ および $2p_y$ 軌道は直交しているために重なることはなく,分子軌道をつくることはできない(図 4・9(c)).フッ素原子の $2p_x$ および $2p_y$ 軌道も 1s 軌道と同じように,フッ化水素分子になって

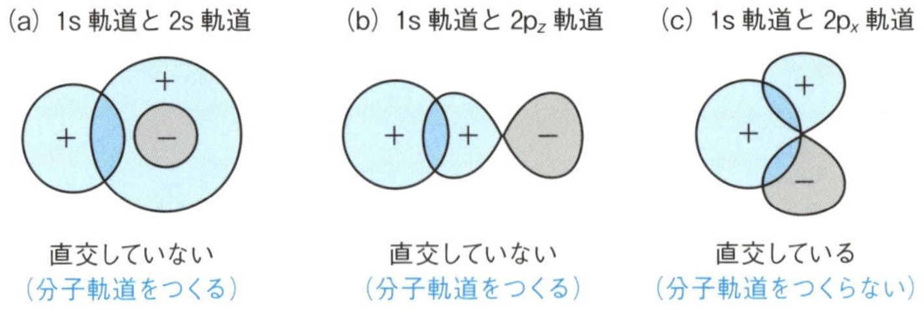

(a) 1s 軌道と 2s 軌道　　(b) 1s 軌道と 2p$_z$ 軌道　　(c) 1s 軌道と 2p$_x$ 軌道

直交していない　　　　　直交していない　　　　　直交している
（分子軌道をつくる）　　（分子軌道をつくる）　　（分子軌道をつくらない）

図 4・9　波動関数の直交性と重ね合わせ

も原子軌道のままである．ただし，1s 軌道の内殻電子よりもエネルギーの値は高く，化学反応を起こしやすいので，この軌道の電子は**孤立電子**とよばれている．結局，水素原子の 1s 軌道の波動関数は，フッ素原子の 2s 軌道および 2p$_z$ 軌道の波動関数と重なって，分子軌道をつくる．

異核二原子分子の軌道にどのような名前を付けたらよいのだろうか．この場合には，異なる原子軌道の波動関数が重なってできることもあるので，等核二原子分子の軌道の名前の付け方をそのまま使うことはできない．そこで，エネルギーの値の低い順番に，1σ, 2σ, 3σ, $\cdots$，あるいは，1π, 2π, $\cdots$ と名付けることになっている．したがって，フッ化水素分子の電子配置は $(1\sigma)^2 (2\sigma)^2 (3\sigma)^2 (1\pi)^4$ となる．

問題 1　水素分子に電子を付着させた場合には，負の水素分子イオン（H$_2^-$）ができる．この分子イオンの結合距離および結合エネルギーを見積もってみよう．

問題 2　窒素原子および酸素原子の軌道を参考にして，一酸化窒素（NO）の分子軌道をつくってみよう．酸素と同じように，一酸化窒素は磁石の性質をもつだろうか．それとも窒素と同じように，磁石の性質をもたないだろうか．

問題 3　等核二原子分子の中で，酸素分子以外に，磁石の性質をもつ分子があるだろうか．図 4・7 の電子配置をヒントにして，考えてみよう．

5

華麗なる対称性の世界

分子構造論

> 原子はすべて球対称である．一方，分子の形にはさまざまなものがある．比較的に簡単な分子では，対称性がよく，正三角形や正四面体であったり，正六角形であったりする．分子の形はどのようにして決まるのだろうか．実は，波動関数によって決まる．しかし，分子の波動関数は原子の波動関数とは異なる．ここでは，原子の波動関数をどのようにして組合わせると，どのような分子の波動関数になり，そして，どのような分子の形になるかを理解する．

5·1 メタン分子の形

　最も基本的な有機化合物の一つはメタン（CH_4）である．メタンは1個の炭素原子に4個の水素原子が結合している．どのような結合だろうか．それを知るためには，もう一度，炭素原子の中の電子の波動関数を調べる必要がある．

　第3章で述べたように，炭素原子には6個の電子がある．そのうち，2個は1s軌道に入る（図5·1(a)）．2個の電子が電子スピンの向きを逆にして一つの軌道に入ると，もはや，他の原子との間で結合をつくることができない．残りの4個の電子のうち，2個は2s軌道に入る．これらの2個の電子も，他の原子との間で結合をつくることができない．一方，2p軌道に入る2個の電子は，フントの規則に従って，三つの2p軌道のうちの二つの2p軌道にスピンの向きをそろえて1個ずつ入る．一つの軌道に1個の電子が入るだけなので，これらの2個の電子は，水素原子の電子と結合性軌道をつくることができる．そうすると，炭素原子は2個の水素原子としか結合できない！　何か変である．

　実は，原子の波動関数は，他の原子と結合して分子になるときに大きく変化する．どのように変化するのか，詳しく調べてみよう．炭素原子には，主量子数 n が2のとき，一つの球対称な2s軌道と三つの軸対称な2p軌道があり，

(a) 原子軌道 (b) sp³ 混成軌道

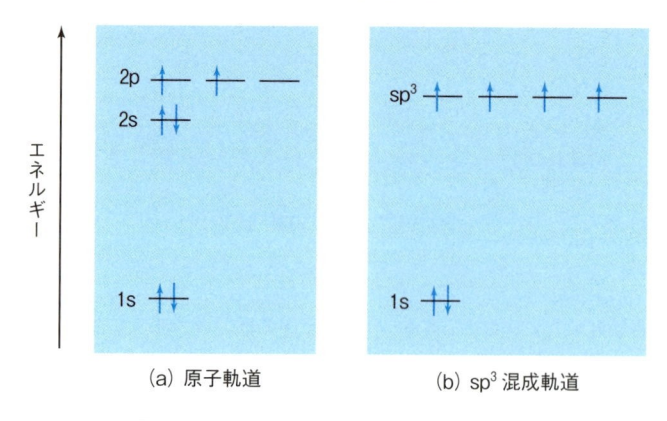

図 5・1　メタンの炭素原子の電子配置

電子間の反発によって，そのエネルギーはわずかに異なっていると説明した（第3章）．しかし，そのエネルギーの差はごくわずかであり，原子が分子となるときには，容易に波動関数の混ざり合いが起こる．混ざり合って，エネルギーが同じで，方向だけが異なり，相互関係も同じで等価な四つの軌道ができる．新しい軌道のことを **sp³ 混成軌道** という（図5・1(b)）．どちらの方向を向いているかというと，電子間の反発を小さくするために，四つの軌道が互いに最も離れる方向である．それは，炭素原子を中心においたときの正四面体の頂点の方向である．軌道と軌道の成す角度は，すべて，109.5°である．これを"正四面体角"という．たとえば，どれか一つの軌道の方向を少しでもずらすと，どこかに，正四面体角よりも小さい角度ができて，電子間の反発が大きくなってしまう．正四面体角は四つの軌道が互いに最も離れた方向であり，電子間の反発の総計が最も小さい方向である．そして，2s軌道と2p軌道に入っていた炭素原子の4個の電子は，1個ずつ，四つのsp³混成軌道に入る．ここまでくれば，あとは第4章で説明した水素分子やフッ化水素分子のときと同じである．炭素原子のsp³混成軌道（Ψ_C）と水素原子の1s軌道（Ψ_H）との間に，結合性軌道と反結合性軌道ができる．

$$\Psi_+ = \Psi_C + \Psi_H$$
$$\Psi_- = \Psi_C - \Psi_H$$
(5・1)

結局，炭素原子の1個の電子と水素原子の1個の電子が結合性軌道に入り，共

有結合ができ，分子となる．メタンでは同じような共有結合が正四面体方向に四つできる．メタン分子の形を図 5・2 に示す．

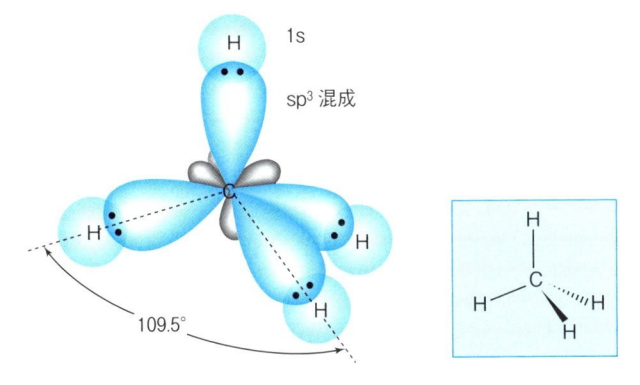

図 5・2 メタン（CH_4）の構造

5・2 アンモニア分子と水分子の形

　炭素の代わりに窒素が分子の中心にあると，どうなるのだろうか．この場合にも，考え方は炭素の場合とほとんど変わらない．窒素原子を中心として，正四面体の頂点の方向に四つの sp^3 混成軌道がある．炭素と窒素で異なる点は，この sp^3 混成軌道に 4 個ではなくて，5 個の電子が入ることである．そうすると，四つの sp^3 混成軌道のうちで，一つの軌道には，電子スピンの向きを逆にして，2 個の電子が入ることになる．もはや，この軌道の電子は他の原子の電子と結合性軌道をつくることはできない．これらの電子のことを**孤立電子対**，あるいは，**非共有電子対**という．結局，窒素原子は 3 個の水素原子と結合する．これがアンモニア分子（NH_3）である．アンモニア分子は，窒素原子を頂点として，水素原子を底面とする正三角錐の形をしている（図 5・3）．

　アンモニア分子の結合角（二つの N–H 結合の成す角度）は，厳密にいえば正四面体角よりも小さい．実験によって決定された結合角はおよそ 107° である．結合角が正四面体角（109.5°）よりも小さい原因は，電子間の反発にあると考えられている．孤立電子対の存在確率を表す sp^3 混成軌道と，結合電子対の存在確率を表す結合性軌道を比べると，孤立電子対の存在確率を表す sp^3 混

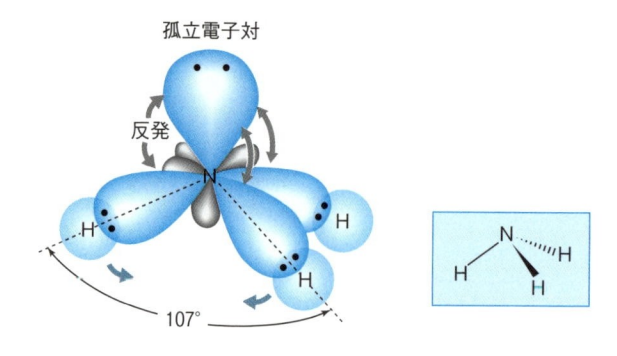

図 5・3 アンモニア（NH$_3$）の構造

成軌道の方が広がっている．したがって，孤立電子対と結合電子対との反発の方が，結合電子対どうしの反発よりも大きい．この反発を避けて，エネルギーを低くするために，結合電子対は孤立電子対から離れようとする．結果的に，結合性軌道の成す角度，すなわち，結合角は正四面体角よりも小さくなる．

この事情は窒素原子から酸素原子に代わった場合でも同様である．酸素原子の場合には，6個の電子がsp^{3}混成軌道に入る．二つのsp^{3}混成軌道には2個ずつ電子が入り，これらの電子は結合には関与しない．つまり，孤立電子対である．したがって，残りの2個の電子のみが結合に関与できるので，酸素原子は2個の水素原子と結合する．これが水分子（H$_2$O）である．水分子の形は，

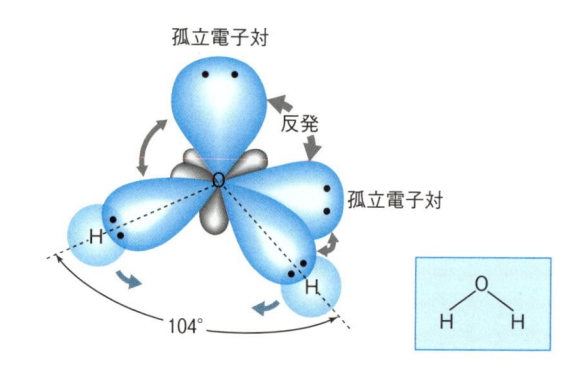

図 5・4 水（H$_2$O）の構造

酸素原子を頂点として，二等辺三角形をしている（図 5・4）．二つの O−H 結合の成す角度，すなわち，結合角は，アンモニア分子の場合よりもさらに小さく，およそ 104° である．孤立電子対が 2 組あり，それらの間の反発が大きく，結果的に，結合電子対が孤立電子対から逃げようとするからである．

5・3 エタン分子の形

2 個の炭素原子を含む最も基本的な炭化水素はエタン（CH_3-CH_3）である．エタンの 2 個の炭素原子はそれぞれが sp^3 混成軌道をつくり，それぞれが 3 個の水素原子と結合する．残りの一つの sp^3 混成軌道は，炭素原子と炭素原子の結合に使われる．この場合には，結合軸まわりの回転を考えなければならない．

図 5・5 はエタンを分子軸方向から眺めた図である．これを**ニューマン投影図**という．手前のメチル基の水素原子の位置を固定して，C−C 結合軸まわりに，奥のメチル基のすべての水素原子を動かしてみよう．そうすると，奥の水素原子が手前の 2 個の水素原子の間に入るときと，手前の水素原子と重なるときがある．前者を**ねじれ形**といい，後者を**重なり形**という．どちらも同じエタンという分子の形である．メタンでは考えられなかったけれども，炭素原子が 2 個になり，炭素原子と炭素原子との結合ができたために，このような二つの異なる形ができる．

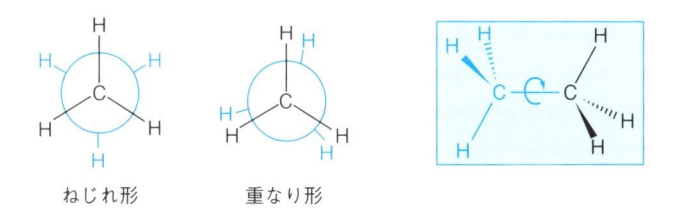

ねじれ形　　重なり形

図 5・5　エタンのニューマン投影図

どちらが安定かというと，C−H 結合電子間の反発などのために，ねじれ形のほうが安定である．だいたい，12 kJ mol^{-1} ほど安定である（エネルギーの単位は分子 1 個あたりではなく，分子 1 モルあたりで表している．詳しくは第 7 章参照）．その様子を図 5・6 に示す．縦軸にエネルギーの値，横軸に C−C

結合軸まわりの回転角がとってある．回転角の 0°，120°，240° のときが重なり形であり，60°，180°，300° のときがねじれ形である．ただし，三つのねじれ形はすべて同じ形をしているので，実験的に区別することはできない．一方，重なり形は山の頂上にあり，このような形は不安定で，実際には存在しない．

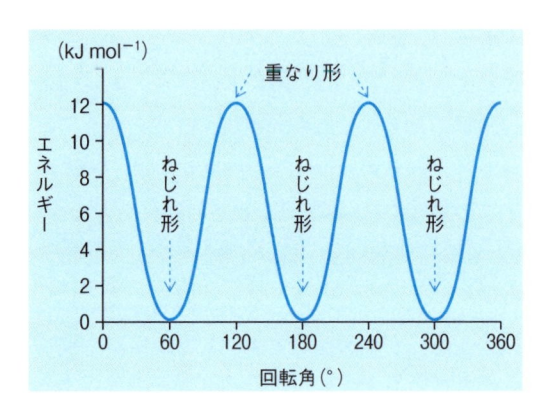

図 5・6　回転によるエタンのエネルギー変化

今度は，エタンの 2 個の炭素原子に結合している水素原子を 1 個ずつメチル基で置換してみよう（これを**ブタン**という）．そうすると，同じねじれ形でも，メチル基の相対的な位置の違いによって 2 種類のねじれ形ができる（図 5・7）．一つは 2 個のメチル基が反対の位置にある形，もう一つは近くにある形である．前者を**トランス形**といい，後者を**ゴーシュ形**という．これらは，重なり形に比べると安定であり，実際に両方の形が室温で存在する（このように，同じ分子でも，ある結合軸まわりの回転によってできる異なる形を**回転異性体**という）．

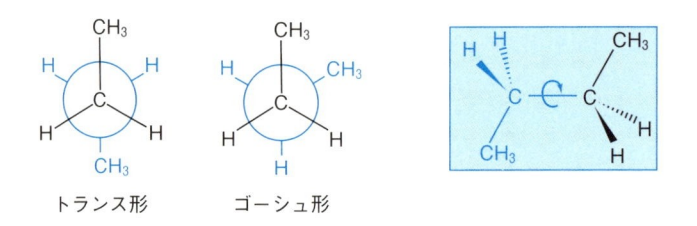

図 5・7　ブタンのニューマン投影図

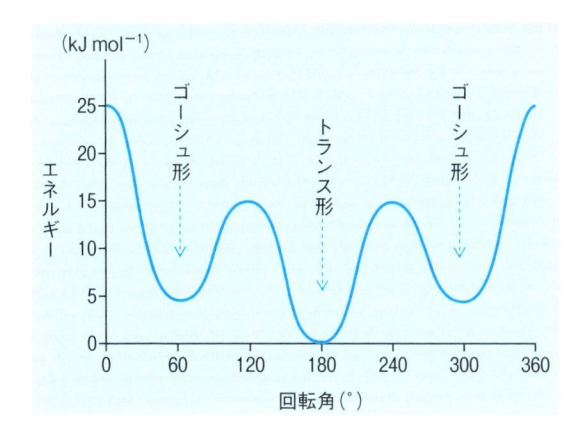

図5・8 回転によるブタンのエネルギー変化

ゴーシュ形とトランス形のどちらが不安定かというと，2個のメチル基が近くにあるゴーシュ形のほうがメチル基間の反発などによって不安定になる．もちろん，重なり形よりは安定である．その様子を図5・8に示す．なお，回転角が60°と300°のときには両者ともゴーシュ形であるが，これらは実験的に区別することが難しい．

5・4 エチレン分子のπ結合

エチレン（$CH_2=CH_2$）はエタンよりも水素原子が2個少なく，二重結合をもつ平面分子である．炭素原子と炭素原子を結ぶ二重結合は，普通，2本の実線で表されるけれども，実は，それらの実線が意味するものは同じではない．エチレン分子の波動関数に関して，炭素原子と水素原子の軌道を使って考えてみよう．

炭素原子の軌道の中で，結合に関与している原子軌道は2s軌道と三つの2p軌道である．メタンのときには，2s軌道と三つの2p軌道が混ざって，四つのsp^3混成軌道をつくった．そして，4個の水素原子と結合した．エタンの炭素原子の場合も同様である．それぞれの炭素原子は，3個の水素原子ともう一つの炭素原子と結合した．エチレンの場合には，事情がちょっと異なる．まず，分子面内で，2s軌道の波動関数と二つの2p軌道の波動関数が重なり合って，

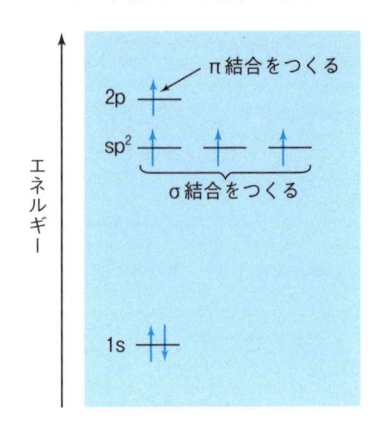

図 5・9 エチレンの炭素原子の電子配置

sp²混成軌道ができる（図 5・9）．三つの sp² 混成軌道は，分子面内で最も離れる方向，つまり，互いに 120°の角度をなす．これらの混成軌道が水素原子の 1s 軌道の波動関数と重なれば，結合性の σ 軌道と反結合性の σ* 軌道ができる（図 5・10）．メタンやエタンの場合と原理は同じである．もちろん，二つの炭素原子の sp² 混成軌道の波動関数が重なれば，やはり，炭素原子と炭素原子の間には，結合性の σ 軌道と反結合性の σ* 軌道ができる．

一方，分子面に直交する二つの 2p 軌道の波動関数が重なり合うと，第 4 章で説明したように，π 軌道と π* 軌道ができる．π 軌道では，それぞれの炭素原子の 2p 軌道の波動関数が重なるときに，プラスの部分どうしとマイナスの部分どうしが重なるので，まるで，二つ結合ができたように見えるかもしれないが，そうではない（図 5・10）．波動関数のプラスの部分どうしとマイナスの部分どうしの両方の重なりで，一つの π 軌道を表している（図 4・5 参照）．

σ 軌道の場合と同様に，波動関数が同位相で重なれば結合性の π 軌道であり，逆位相で重なれば反結合性の π* 軌道となる．π 軌道にある電子（π 電子）は，σ 軌道にある電子（σ 電子）よりも外側に存在する確率が高いので，ほかの分子と反応するときには，まず，π 電子が反応する．また，π 電子による結合エネルギーは σ 電子よりも小さいので，結合は切れやすい．このように，二重結合では，一つの実線は **σ 結合**を表し，もう一つの実線は **π 結合**を表し，それらの化学的性質は大きく異なる．

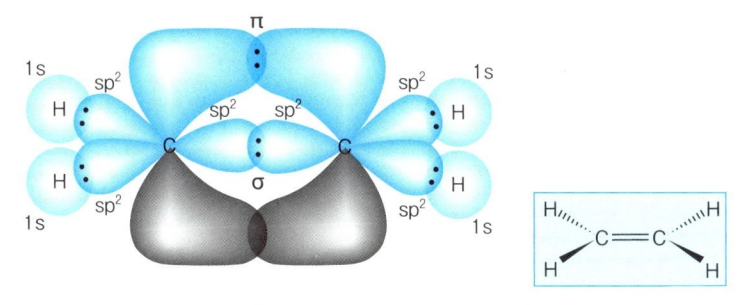

図 5・10 エチレンの分子軌道

5・5 金属錯体の形

　結合に関与するはずのない孤立電子対が，近づく原子の種類によっては結合に関与することもある．たとえば，アンモニア分子の孤立電子対は，鉄やニッケルなどの金属原子（あるいは金属イオン）と結合する．これを**配位結合**といい，配位結合する分子やイオンなどを**配位子**（L: ligand）という．配位結合は，共有結合の中でも波動関数の重なりが少ない結合であり，これまでに述べたσ結合やπ結合よりも弱い結合である．

　配位結合をもつ金属のことを**金属錯体**ともよぶ．金属原子（M）には，孤立電子対を受け入れるための軌道として，s 軌道，p 軌道以外にも d 軌道があり，さまざまな混成軌道を用意する（表5・1）．たとえば，銀イオン（Ag^+）は，一つの s 軌道と一つの p 軌道を混ぜ合わせて，二つの sp 混成軌道をつくる．二つの軌道が最も離れる方向は，銀イオンを中心として，180°反対の方向である．したがって，銀イオンにアンモニア分子が配位結合する場合には，2個のアンモニア分子が結合し，銀イオンとアンモニア分子は直線に並ぶ．

　また，水銀イオン（Hg^{2+}）は，一つの s 軌道と二つの p 軌道を混ぜ合わせて，三つの sp^2 混成軌道をつくる．三つの軌道が最も離れる方向は，水銀イオンを中心として，正三角形の頂点に向かう方向である．たとえば，水銀イオンに3個のヨウ化物イオン（I^-）が配位結合した錯体は，中心に水銀イオンがあり，ヨウ化物イオンは正三角形の頂点にある．

　金属錯体が sp^3 混成軌道をつくる場合には，メタンと同じ正四面体形となる．

その例が，ニッケル（Ni）に4個の一酸化炭素が配位結合したカルボニル錯体である．また，五つの軌道を混ぜ合わせたものが dsp^3 混成軌道である．たとえば，鉄（Fe）に5個の一酸化炭素が配位結合した錯体は，三角両錐形となる．これは五つの混成軌道が互いに最も離れる形である．同じニッケルであっても，ニッケルイオン（Ni^{2+}）には，6個のアンモニア分子が配位結合する．この場合には，d^2sp^3 混成軌道ができる．六つの混成軌道が最も離れる方向は，

表 5・1 金属錯体の混成軌道と幾何学的構造

配位数	混成軌道	幾何学的構造		化合物の例
2	sp	L→M←L	（直線形）	$[Ag(NH_3)_2]^+$
3	sp^2		（正三角形）	$[HgI_3]^-$
4	sp^3		（正四面体形）	$Ni(CO)_4$
5	dsp^3		（三角両錐形）	$Fe(CO)_5$
6	d^2sp^3		（正八面体形）	$[Ni(NH_3)_6]^{2+}$

5・5 金属錯体の形

ニッケルイオンを中心として，正八面体の頂点に向かう方向である．そして，それぞれの頂点にアンモニア分子がある．金属錯体の形は，配位子の数と混成軌道の方向によって決まり，その形は最も対称性のよい形が選ばれる．

緑の葉の中に含まれるクロロフィルや，血液の成分であるヘモグロビンのヘムなども金属錯体の例である（図5・11）．それぞれ，マグネシウム（Mg）や鉄（Fe）がポルフィリン環と配位結合している．生体中に存在する酵素は，金属錯体を活性中心に利用することによって，重要な役割を果たしているものが多い．

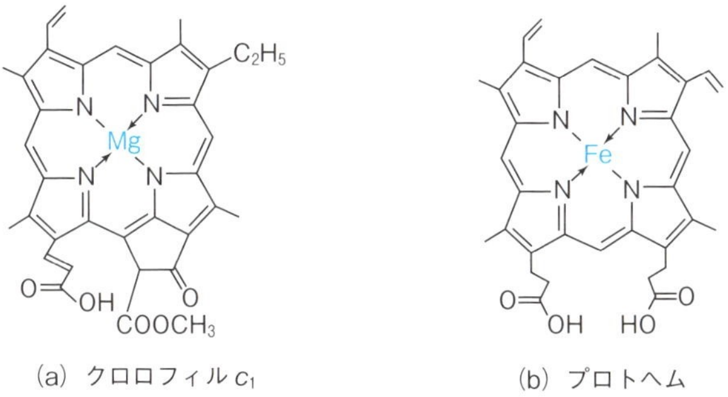

(a) クロロフィル c_1　　(b) プロトヘム

図 5・11　クロロフィルとヘモグロビンの配位結合

問題 1　エタンの一つの炭素原子に2個の塩素原子が結合し，もう一つの炭素原子に1個の塩素原子が結合すると，1,1,2-トリクロロエタンができる．この分子のエネルギーの安定性について考えてみよう．

問題 2　第3周期の元素は，分子をつくるときにd軌道を混成軌道に利用することが多い．つぎの化合物の形を調べてみよう．
(1) SF_2, (2) SF_4, (3) SF_6, (4) PCl_3, (5) PCl_5

問題 3　ホウ素の三水素化物（ボラン；BH_3）はアンモニア（NH_3）と配位結合をして，錯体を形成する．このとき，ホウ素も窒素も sp^3 混成軌道であるとして，この錯体の構造を考えてみよう．

6

魔法のサッカーボール

物 質 構 造 論

> 物質は，いくつもの原子あるいは分子が集まってできている．原子や分子をつなぐ力には，強い結合から弱い結合まで，さまざまなものがある．その結合の様式に従って，さまざまな性質をもつさまざまな構造の物質ができる．しかし，このように多様性をもつ物質にも共通しているものがある．それは，驚くほどの規則性である．原子や分子はでたらめではなく，ある規則に基づいて整然と並ぶ．ここでは，物質を組立てる力と，物質の構造について理解する．

6・1 分子から巨大分子へ

　第1章で述べたように，宇宙には炭素原子が3個集まった分子（C_3）や，5個集まった分子（C_5）など，炭素原子だけから成るさまざまな分子が存在する．原子の数が10個までの炭素分子は，数珠（じゅず）のように直線につながっているといわれている．炭素原子がさらに集まって，数が増えるとどうなるのだろうか．直線，すなわち，一次元の構造が広がって，二次元の構造になる．この構造の炭素分子は，**グラフェン**という名前で知られている．グラフェンの混成軌道は，どのようになっているのだろうか．

　実は，エチレン分子の炭素原子の軌道と同じように，一つの2s軌道と二つの2p軌道が混ざり合って，三つのsp^2混成軌道ができる．三つの混成軌道が反発を避けるために最も離れる方向は，炭素の原子核を中心として，正三角形の頂点の方向である（表5・1参照）．すなわち，炭素原子は正六角形のタイルを敷き詰めたように，一つの平面上に並ぶ．結合角はすべて120°である（図6・1）．残りの一つの2p軌道は，やはり，隣の2p軌道との間でπ結合をつくる．このグラフェンのπ結合は一つおきにしかないけれども，π軌道の波動関数の一部が両隣のπ軌道の波動関数の一部と重なり合うので，π電子は平

6・1 分子から巨大分子へ

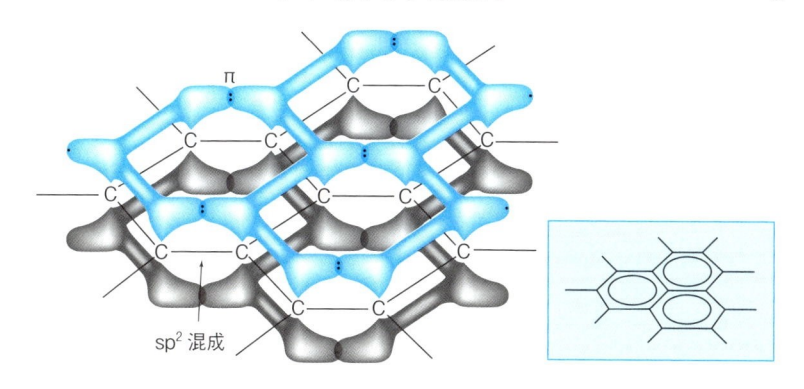

図 6・1 グラフェンの構造

面全体に自由に動くことができる．ちょうど金属の自由電子（後述）に似ている．グラフェンは，金属と同じように電気を通す性質（**電気伝導性**）がある．いくつものグラフェンが積重なると，とても安定な化合物ができる．**グラファイト**である．**黒鉛**ともよばれ，鉛筆の芯などに利用されている．グラファイトもグラフェンと同様に電気伝導性がある．

同じ sp^2 混成軌道であっても，正六角形のところどころに正五角形を加えると，平面構造ではなく，球状の化合物ができる．これは**フラーレン**とよばれる．たとえば，"C_{60}" というフラーレンは，60個の炭素原子をサッカーボールのように並べた化合物である（図 6・2）．このフラーレンの π 結合は，グラフェンの π 結合とも異なる性質をもつ．グラフェンの π 結合は無限の広がりをも

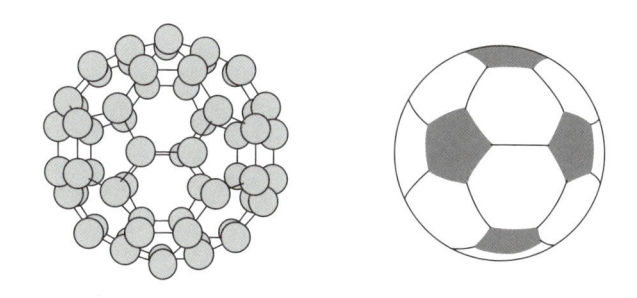

図 6・2 フラーレンの構造

つけれども，フラーレンでは，球の表面という有限の空間でしか，電子は自由に動けない．さらに，同じπ結合でありながら，球の外面と内面という環境の異なる空間が存在することになる．そして，この特異な性質が原因となって，電気抵抗がほとんどなくなる性質（**超伝導性**）を示す物質がつくられている．たとえば，フラーレンの球の中に，カリウム（K）やルビジウム（Rb）などのアルカリ金属を閉じ込めることによって，超伝導性物質がつくられている．まさに，"魔法のサッカーボール"である．

メタンと同じように，一つの2s軌道と三つの2p軌道が混ざり合って，軌道がsp^3混成軌道になっていると解釈できる炭素分子もある．**ダイヤモンド**である（図6・3）．ダイヤモンドは，すべての結合角が正四面体角になっていて，三次元空間に広がった立体的な結晶である．どちらの方向からの力に対しても，破壊されにくい構造であり，ダイヤモンドは地球上で最も硬い物質の一つとして知られている．以上，述べたように，同じ炭素分子であっても，軌道の混ざり具合の違いから，すなわち，結合様式の違いから，さまざまな性質をもつ巨大分子ができる．同じ元素の単体で，互いに性質や構造の異なる物質を**同素体**という．

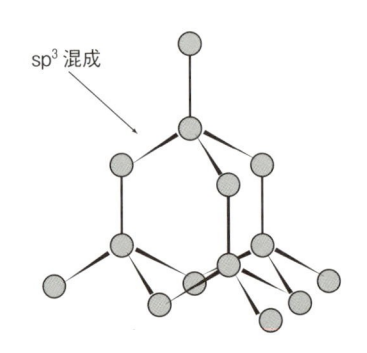

図6・3 ダイヤモンドの構造

6・2 金属固体とイオン結晶

金属原子は，他の原子と同じように中心に正の電荷をもつ原子核があり，そのまわりにいくつかの負の電子がある．その構造は，他の原子とそれほど大き

6・2 金属固体とイオン結晶   59

く違っているわけではない.しかし,金属原子が集まって**金属固体**になると,金属固体に固有の優れた性質,たとえば,**熱伝導性**や**電気伝導性**などが出てくる.電気伝導性の原因となっているものが,金属の原子核の格子の間を自由に動き回る電子である.この電子は特定の原子核に束縛されてはいないので,**自由電子**とよばれる.金属固体は,正の電荷をもつ原子核と,負の電荷をもつ自由電子との間の電気的な力によってつくられている.これを**金属結合**という.

金属結合によってできる金属固体の構造は,どのようになっているのだろう

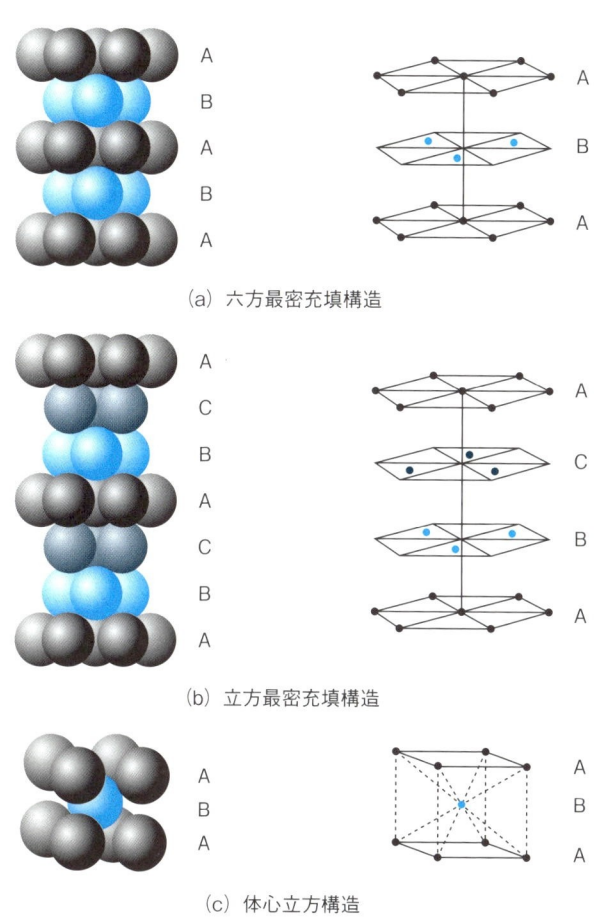

(a) 六方最密充填構造

(b) 立方最密充填構造

(c) 体心立方構造

図 6・4 金属固体の構造

か．その構造は意外に簡単である．金属の原子核を球であると仮定して，パチンコ玉のようなものを積み上げてみればよい．自然に，球と球のすき間ができる限り少なくなるような構造になる．これを**最密充填構造**とよぶ．最密充填構造には2種類がある．下から見て，第一層と第三層が同じ位置にくる**六方最密充填構造**（図6・4(a)）と，第一層と第四層が同じ位置にくる**立方最密充填構造**である（図6・4(b)）．それぞれの最密充填構造で，すき間の体積を合計すると，その値は同じである．つまり，**充填率**は同じである．どちらの構造になるかは金属の種類に依存する．亜鉛（Zn）やカドミウム（Cd）などは六方最密充填構造に，銅（Cu），銀（Ag），金（Au）などは立方最密充填構造になる．ただし，金属の中には最密充填構造にならないものもある．最密充填構造よりも，若干，すき間が多くなるが，**体心立方構造**（図6・4(c)）とよばれるものもある．リチウム（Li），ナトリウム（Na），カリウム（K）などがその例である．周期表で同じ族に属する金属は，同じ構造になるものが多い．金属固体の構造も価電子の性質を反映していると考えられる（第2章参照）．

　金属固体と同じように，整然とした構造をとる物質として**イオン結晶**がある．鉱物などでよく見られる結晶であり，その代表は塩化ナトリウム（岩塩）である．陽イオンのNa^+と陰イオンのCl^-が電気的に引っ張り合って，しっかりと結合している．これを**イオン結合**という．塩化ナトリウムのイオン結晶は立方最密充填構造である．その基本となる構造の一部を取出すと，立方体の中心と辺の中点にNa^+が存在し，立方体の頂点と面の中心にCl^-が存在する（図6・5(a)）．このようなイオン結晶の基本単位を**単位格子**とよぶ．塩化ナトリウム

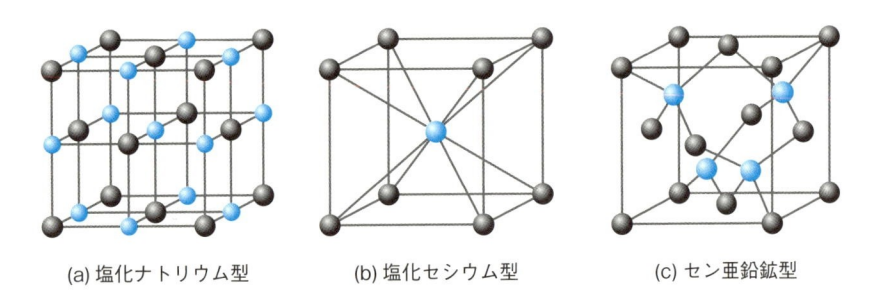

(a) 塩化ナトリウム型　　(b) 塩化セシウム型　　(c) セン亜鉛鉱型

図6・5　イオン結晶の構造

の場合には,その配列から**面心立方格子**とよばれる.イオン結晶の構造も,金属固体と同じようにイオンの種類に依存する.陽イオン Na^+ が Cs^+ に代わった塩化セシウムでは,立方体の中心に Cs^+ が存在し,立方体の頂点に Cl^- が存在する(図6・5(b)).これをイオンの配列から**体心立方格子**とよぶ.陽イオンの大きさと陰イオンの大きさが大きく異なるイオン結晶では塩化ナトリウム型をとり,大きさが似ている場合には塩化セシウム型をとることが多い(表6・1参照).その他にも,ダイヤモンドの構造に似たセン亜鉛鉱(ZnS)型の構造(図6・5(c))などもある.

表 6・1 代表的なイオンの半径(Å)

元素	半径	元素	半径	元素	半径	元素	半径
Li^+	0.90	Be^{2+}	0.59	O^{2-}	1.26	F^-	1.19
Na^+	1.16	Mg^{2+}	0.86	S^{2-}	1.70	Cl^-	1.67
K^+	1.52	Ca^{2+}	1.14	Se^{2-}	1.84	Br^-	1.82
Rb^+	1.66	Sr^{2+}	1.32	Te^{2-}	2.07	I^-	2.06
Cs^+	1.81	Ba^{2+}	1.49				

6・3 ファンデルワールス力

貴ガス原子は球対称であり,電気的には中性である.原子核の正電荷と電子の負電荷が打ち消し合っている.しかしながら,電子は原子核のまわりで止まっているわけではなく,常に動き回っている.時間的に平均すれば電気的に中性であるとみなされる貴ガス原子であっても,瞬間的には,電子の位置に応じて電荷の偏りができる.この電荷の偏りのことを**誘起双極子モーメント**とよぶ.そして,2個の貴ガス原子が,互いに誘起双極子モーメントによって引寄せ合う力のことを**ファンデルワールス力**とよぶ.ファンデルワールス力は結合電子が介在する共有結合,自由電子が介在する金属結合,静電引力によるイオン結合のようには強くない.原子と原子を結びつける力としては最も弱い力の一つである.そして,わずかな熱エネルギーでも容易に結合が切れてしまう.このような弱いファンデルワールス力で集まった粒子の集団を**クラスター**という.貴ガスのクラスターは極低温の世界か,あるいは,衝突のない真空の世界でなければ安定には存在しない(第1章と第4・3節参照).

(a) クラスター　　　　(b) ドライアイス

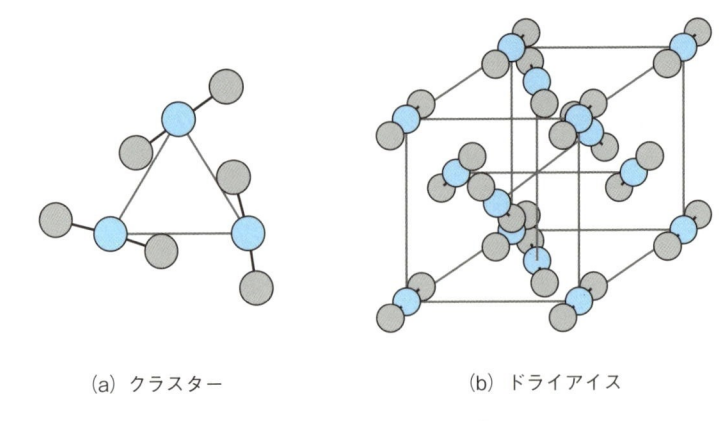

図 6・6　二酸化炭素の構造

　数十個から数百個の金属原子の集団は**金属クラスター**とよばれる．金属クラスターは金属固体と金属原子の中間に位置づけられる．よく調べてみると，金属クラスターには金属固体にも金属原子にもない優れた性質がある．たとえば，金の原子が数十個集まったクラスターを酸化ニッケル表面に吸着させると，きわめて優れた触媒の働きがでてくる（第13章参照）．−70℃という低温でも，一酸化炭素を酸化できるようになる．この触媒の働きは，金の原子にも金箔にもない金クラスター固有の性質である．

　原子ばかりではなく，分子も温度を下げるとファンデルワールス力によってクラスターになる．分子クラスターは原子クラスターと異なり，構成する一つ一つの分子の形が球でないので，さまざまな構造のものがある．たとえば，二酸化炭素では，ファンデルワールス力によって同じ平面上で3個の分子が結びつき，安定な分子クラスターが生成する（図6・6(a)）．3個の二酸化炭素の炭素原子は，正三角形の頂点の位置にある．そして，無数の二酸化炭素がファンデルワールス力によって規則正しく配列した結晶が，アイスクリームなどを冷やすために使われるドライアイスである（図6・6(b)）．その単位格子は，塩化ナトリウムと同じように面心立方格子である．ファンデルワールス力は弱いので，ドライアイスはすぐに蒸発して，ばらばらの二酸化炭素になる（第11章参照）．

6・4 水素結合と氷の構造　　　　　　　　　　　63

H 2.1																
Li 1.0	Be 1.5											B 2.0	C 2.5	N 3.0	O 3.5	F 4.0
Na 0.9	Mg 1.2											Al 1.5	Si 1.8	P 2.1	S 2.5	Cl 3.0
K 0.8	Ca 1.0	Sc 1.3	Ti 1.5	V 1.6	Cr 1.6	Mn 1.5	Fe 1.8	Co 1.8	Ni 1.8	Cu 1.9	Zn 1.6	Ga 1.6	Ge 1.8	As 2.0	Se 2.4	Br 2.8
Rb 0.8	Sr 1.0	Y 1.2	Zr 1.4	Nb 1.6	Mo 1.8	Tc 1.9	Ru 2.2	Rh 2.2	Pd 2.2	Ag 1.9	Cd 1.7	In 1.7	Sn 1.8	Sb 1.9	Te 2.1	I 2.5
Cs 0.7	Ba 0.9	La 1.1	Hf 1.3	Ta 1.5	W 1.7	Re 1.9	Os 2.2	Ir 2.2	Pt 2.2	Au 2.4	Hg 1.9	Tl 1.8	Pb 1.8	Bi 1.9	Po 2.0	At 2.2
Fr 0.7	Ra 0.9	Ac 1.1														

図 6・7　元素の電気陰性度

6・4　水素結合と氷の構造

　第5章で述べたように，水分子（H_2O）は，1個の酸素原子と2個の水素原子が共有結合してできている．酸素原子の電気陰性度と水素原子の電気陰性度を比べてみると（図6・7），酸素原子の電気陰性度の方が大きいから，結合電子対は，結合の中心よりも，むしろ酸素原子に近づいていると考えるべきである．結果的に，水分子の酸素原子は少し負の電荷($-\delta$)をもち，水素原子は正の電荷($+\delta$)をもつ．このように，電気陰性度の異なる元素からできる共有結

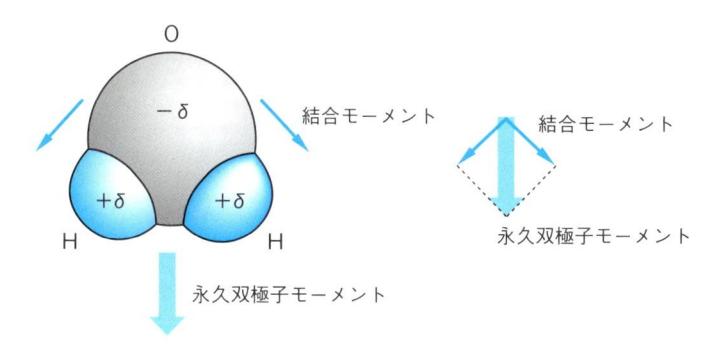

図 6・8　水の結合モーメントと永久双極子モーメント

合では，必ず，電荷の偏りが生じる．これを**結合モーメント**とよぶ．そして，分子内のすべての結合モーメントを考慮したときに（数学的にはベクトル和という），分子全体として，電荷の偏りがあれば，この分子には**永久双極子モーメント**があるという（図 6・8）．

気体の状態では，水分子は運動エネルギーが大きく，ほとんどの分子が一つずつばらばらになっていて，互いに影響を及ぼさない（第 11 章参照）．しかし，液体の状態では，一つの分子と別の分子が近づくので，二つの分子は電気的な力によって，酸素原子には水素原子が，水素原子には酸素原子が近づこうとする．この結合は共有結合とは区別して，**水素結合**とよばれる．水素結合は，電子が結合に直接に関与する共有結合や金属結合ほど強い結合ではなく，しかし，貴ガスクラスターや分子クラスターを構成するファンデルワールス力よりは強い結合である．

水素結合は液体の状態よりも，固体の状態で顕著である．氷の構造は，極低温ではダイヤモンドと同じ構造をしている（図 6・9(a)）．それぞれの水分子の酸素原子が，水素結合によってダイヤモンドの炭素原子の位置に並び，その間に水素原子がある．温度が 0 ℃ に近づいて，われわれが身近で見るような氷になると，図 6・9(b) で示す構造になる．これはセン亜鉛鉱（図 6・5 参照）と組成が同じウルツ鉱（ZnS）の結晶構造と同じであり，ウルツ鉱型とよばれている．

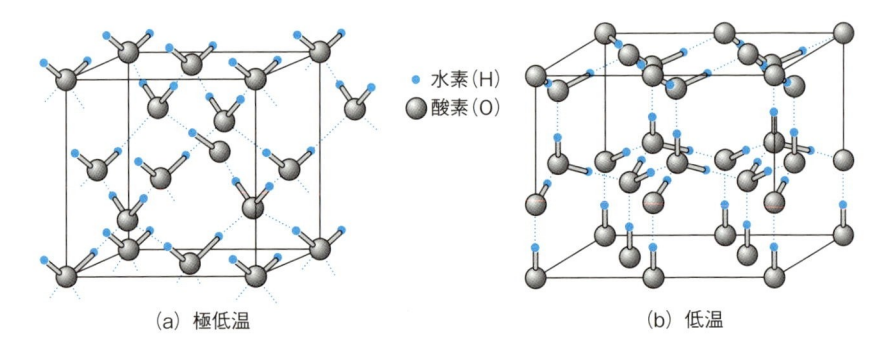

(a) 極低温　　　　　　　　　　(b) 低温

図 6・9　氷の構造（…は水素結合）

6・5 生体物質と水素結合

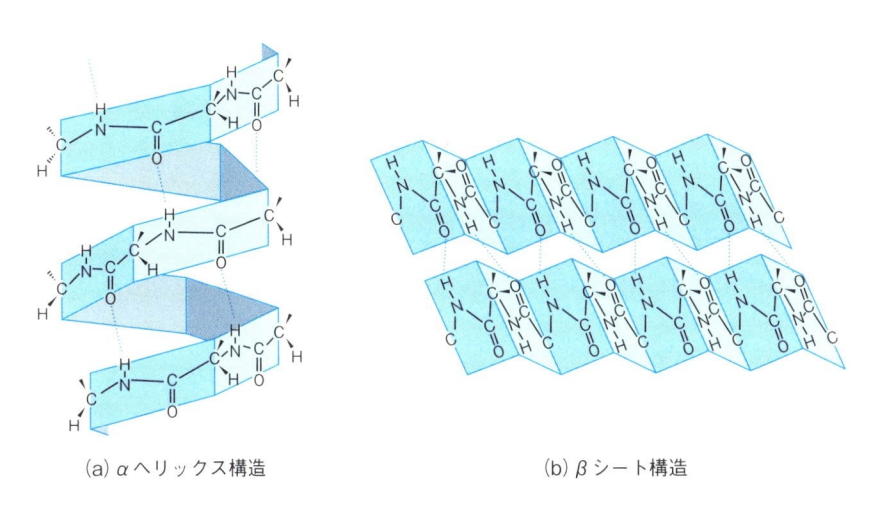

われわれ人間は，体重のおよそ 70 %が水でできている．水素結合による集合体といってもよい．水以外でも，水素結合は生体内で重要な役割を果たしている．たとえば，さまざまなアミノ酸が結合してできるタンパク質も，その構造は水素結合によって決められている．タンパク質には，アミノ酸が結合するときにできる**ペプチド結合**（－NH－CO－）が数多くある．水分子と同じように，窒素原子に結合した水素原子は少し正の電荷をもち，一方，窒素原子や酸素原子は孤立電子対があるので少し負の電荷をもつ．そして，これらの静電気的な力によって水素結合ができる．タンパク質はこの水素結合によって，らせん階段のような構造（**αヘリックス構造**）になったり，ひだの平面のような構造（**βシート構造**）になったりする（図 6・10）．タンパク質の一つである酵素も，水素結合を利用して，微妙な立体構造をつくり上げることによって，特異的な反応を可能にしている．

(a) αヘリックス構造　　　(b) βシート構造

図 6・10　タンパク質の部分構造（…は水素結合）

生体の最も重要な機能の一つは遺伝情報の伝達である．種の保存のためにも，遺伝情報を伝達する必要がある．ここで重要な役割を果たしているものも水素結合である．遺伝情報を保持している DNA（デオキシリボ核酸）の構造は，

ワトソン（J. D. Watson）とクリック（F. H. C. Crick）によって提唱された**二重らせん構造**をしている．すなわち，遺伝情報をもつ2本の細長い分子が，水素結合によって結ばれている（図6・11）．そして，DNA が遺伝情報の伝達のために，自分自身を複製しなければならないときには，まず，その水素結合がはずれる．水素結合は共有結合や金属結合ほど強くはないので，エネルギーをあまり必要とせず，簡単にはずれる．そして，1本ずつばらばらになった DNA は，それぞれ別々に新しい二重らせんの相手を水素結合によってつくる．結果的に，もとの DNA と同じ DNA が2組できる．生体物質には，強くもなく弱くもない水素結合が，至るところで重要な役割を果たしている．

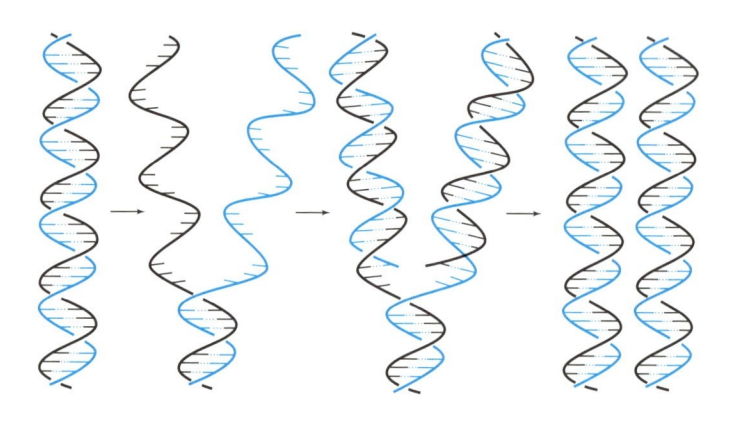

図 6・11　DNA の複製（…は水素結合）

問題 1　グラファイトはいくつものグラフェンが重なり合った層状化合物である．層と層とを結びつける力について考えてみよう．

問題 2　ホウ酸（H_3BO_3）は，水素結合によって二次元的な層状になる．そして，8個の原子で基本的な環をつくる．ホウ酸の構造を考えてみよう．

問題 3　固体と同じように高い規則性をもちながら，しかも，液体のように流動性のある物質を液晶という．液晶が日常生活で，どのように利用されているか，また，その原理を考えてみよう．

7

ランダム運動が生む秩序

分子運動論

自然界にあるすべての分子は，いつでも運動をしている．温度を下げれば運動は不活発になり，温度を上げれば運動は活発になる．最も激しく運動している状態の一つが気体である．まったくランダムのように見える分子一つ一つの運動が，気体としての性質，たとえば，熱エネルギーによる体積や圧力などの変化を規則づけている．ここでは，分子の運動を詳しく調べて，気体の温度，体積，圧力などの熱力学的性質と運動エネルギーの関係を理解する．

7・1 気体の性質

われわれは，普段，気体の存在をほとんど意識せずに生活している．しかし，風が吹いてカーテンが揺れるのを見たり，自転車のチューブに空気を入れたりするときに，確かに気体の存在を意識する．よく知られているように，気体はとてつもなく多くの分子の集まった状態の一つである．わずか数リットルの空気の中には，1千億のさらに1兆倍もの数の分子が存在する．何とよんだらよいのかわからないほどの大きな数である．このような気体の量を表すために便利な数がある．**アボガドロ定数** ($N_A \approx 6.02 \times 10^{23}$) である．そして，アボガドロ定数個の分子が集まった気体の量を"1モル"とよぶことになっている．われわれの生活する圧力（大気圧），温度（室温）では，1モルの気体はおよそ25リットルの体積を占める．

圧力と温度をわざわざ指定した理由は，気体の体積 (V) が圧力 (P) と温度 (T) に依存するからである（図7・1）．気体に圧力をかければその体積は減少し，圧力を減らせばその体積は増加する．気体の体積と圧力は反比例の関係にある．このことを見いだしたのは，イギリス人のボイル (R. Boyle) である．また，気体を温めれば体積は増加し，気体を冷やせば体積は減少する．気

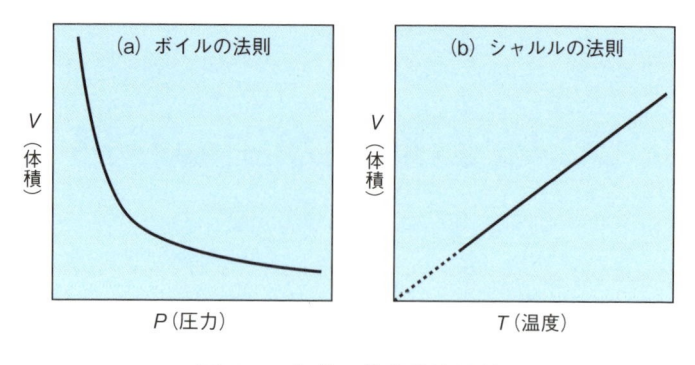

図7・1 気体の熱力学的性質

体の体積と温度は比例の関係にある．このことを見いだしたのは，フランス人のシャルル（J. A. C. Charles）である．これらの法則をまとめると，

$$PV = nRT \tag{7・1}$$

となる．ここで，比例定数の R は**気体定数**（$R \approx 8.31\,\mathrm{J\,K^{-1}\,mol^{-1}}$）とよばれる定数，$n$ は気体の量（単位はモル）である．この式は**理想気体の状態方程式**とよばれ，熱力学の世界で最も基本的な式の一つである．ただし，熱力学で使う温度としては，自然界で最も低い温度，すなわち，**絶対零度**を基準にした温度を使うことになっている．単位は K で表し，ケルビンと読む．われわれが普段よく使う摂氏温度（℃）と絶対温度との間には，つぎのような関係がある．

$$絶対温度(\mathrm{K}) = 摂氏温度(℃) + 273.15 \tag{7・2}$$

7・2 分子の運動と圧力

気体の性質を分子の運動と関連づけて調べてみよう．簡単のために，一辺の長さが l の立方体の容器の中に，1モル（N_A 個）の分子があるとする．分子は止まっているのだろうか．そんなことはない．分子はいつも激しく運動している（図7・2）．この分子の運動が，実は，気体の圧力となって現れている．われわれはバスケットボールを身体に受け止めると，衝撃を感じる．飛んでくるバスケットボールの数を増やせば，われわれはボールに逆らうことができなくなり，後ろに押される．これと同じことが容器の中でも起こっている．分子はとても小さく，一つ一つはきわめて軽い．しかし，この分子が集団となって容

7・2 分子の運動と圧力　　　　　　　　　69

器の壁を押すときに，気体の圧力となる．

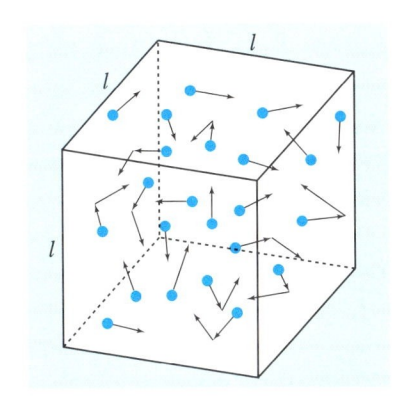

図 7・2　気体分子の運動

　容器の壁の受ける衝撃（圧力）は，分子の数だけではなく，分子の速度にも依存する．速くぶつかれば衝撃は大きく，ゆっくりぶつかれば衝撃は小さい．ちょうど，バスケットボールを受け止めるときに，ボールのスピードがかなり速いと，1個だけでも身体が押されてしまうことに似ている．したがって，気体が容器の壁を押す力（圧力）について議論をするためには，分子の数と同時に，分子の速度についても考えなくてはならない．

　物理的に表現すると，圧力は「単位面積あたりの力」，あるいは「単位時間，単位面積あたりに衝突する全分子の運動量の変化」である．運動量 (p_x) は分子の質量 (m) に速度 (v) をかけたものである．1個の分子が x 方向の壁に衝

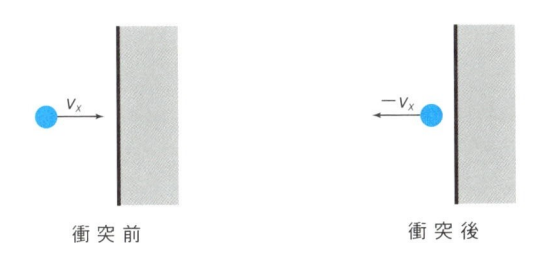

図 7・3　壁との衝突による速度の変化

突して，180°逆向きに跳ね返されるときには（図7・3），

$$p_x = mv_x - m(-v_x) = 2mv_x \quad (7・3)$$

の運動量が変化する．今度は，単位時間あたりに，1個の分子が何回x方向の壁に衝突するかを考えてみよう．壁に衝突した分子は反対側の壁にぶつかって，ふたたび戻ってくる．戻ってくるためにはどのくらいの時間が必要かというと，往復距離$2l$を速度v_xで割ればよい．そして，単位時間あたりの衝突回数を求めるためには，この時間の逆数をとればよい．すなわち，$v_x/2l$である．結局，単位時間あたりに，1個の分子が壁との衝突によって変化する運動量の合計は，$2mv_x$に$v_x/2l$をかけて，mv_x^2/lとなる．

すでに述べたように，圧力（P）はすべての分子の単位面積あたりの運動量の変化であるから，壁の面積（l^2）で割り，

$$P = \sum_i \frac{mv_{x_i}^2}{l}\frac{1}{l^2} = N_A \frac{\overline{mv_x^2}}{l^3} \quad (7・4)$$

となる．ここで，$\overline{v_x^2}$は平均値（$\sum_i v_{x_i}^2/N_A$）を表す．分子の速度は分子によってまちまちであり，すべての分子の速度がそろっているわけではない．そして，分子と分子は衝突して，そのたびに，分子の速度は変化している．そこで，個々の分子の速度を考えるよりも，すべての分子の平均の速度を考えた方がわかりやすい．分子の平均の速度は，気体全体の条件が変わらない限り，ほとんど一定であると考えてよいからである．

(7・4)式は，l^3の代わりに容器の体積Vを用いれば，

$$P = N_A \frac{\overline{mv_x^2}}{V} \quad (7・5)$$

となる．古典力学によれば，質量mの質点が速度v_xで運動するときの質点の運動エネルギーは，$(1/2)mv_x^2$で表される．そうすると，(7・5)式から重要な結論を導くことができる．体積が一定のとき，圧力は分子の運動エネルギーに比例し，分子の運動エネルギーが大きくなればなるほど，気体の圧力も大きくなる．

7・3　分子の運動と温度

子供のころ，寒い冬の朝，冷たい手をこすりながら学校へ通った覚えがある．

7・3 分子の運動と温度

　手をこすると，なんとなく，かじかんだ手が暖かくなった．摩擦という運動エネルギーが熱に変わったのである．このように考えると，熱は運動エネルギーと同じように，エネルギーであると考えることができる．気体の場合には，分子一つ一つが運動エネルギーをもっている．これらの運動エネルギーこそが熱の実体であり，気体の熱エネルギーである．

　圧力と運動エネルギーの関係式((7・5)式)をつぎのように変形してみよう．

$$PV = N_A m\overline{v_x^2} \tag{7・6}$$

この式を1モル ($n=1$) の理想気体の状態方程式 ((7・1)式) と比較すると，左辺が等しいから，

$$N_A m\overline{v_x^2} = RT \tag{7・7}$$

という関係式が得られる．運動エネルギーと温度の関係は，

$$\frac{1}{2}m\overline{v_x^2} = \frac{1}{2}\frac{R}{N_A}T \equiv \frac{1}{2}kT \tag{7・8}$$

となる．k は**ボルツマン定数** ($k \simeq 1.38 \times 10^{-23}\,\mathrm{J\,K^{-1}}$) とよばれ，気体定数 ($R$) をアボガドロ定数 ($N_A$) で割った値である．分子1個あたりの気体定数と考えてもよい．(7・8)式から，分子の運動エネルギーは温度に比例し，温度が高くなればなるほど，運動エネルギーも大きくなることがわかる．

　これまでは，分子の運動の方向として，x 方向 (一次元空間) だけを考えた．実際の分子は三次元空間で運動する．三次元空間は明らかに等方的なので，それぞれの方向の運動エネルギーは，すべて，$(1/2)kT$ に等しいと考えられる．速度の大きさを v とすれば，(7・8)式はつぎのようになる．

$$\frac{1}{2}m(\overline{v_x^2}+\overline{v_y^2}+\overline{v_z^2}) = \frac{1}{2}m\overline{v^2} = \frac{1}{2}kT + \frac{1}{2}kT + \frac{1}{2}kT = \frac{3}{2}kT \tag{7・9}$$

もちろん，1モルあたりの運動エネルギーは，つぎのようになる．

$$N_A\left(\frac{1}{2}m\overline{v^2}\right) = \frac{3}{2}RT \tag{7・10}$$

　温度と分子の運動エネルギーの関係をさらに理解するために，大気の温度，つまり，気温を寒暖計で測ることを考えてみよう．寒暖計は細いガラス管の中にアルコールを入れて，封をしたものである (最近は，灯油や軽油などが使わ

れている).寒暖計のアルコールの高さが高くなれば,気温が上がったことがわかり,低くなれば気温が下がったことがわかる.ただし,アルコールは透明であり,高さがわかりにくいので,赤い色素を溶かして,見やすくしてある.

気温が上がると,どうして,アルコールの高さが変わるのだろうか.その答えはそれほど難しくはない.大気(窒素分子や酸素分子)がアルコールの入っているガラス管に衝突して,ガラス管を構成している分子(ケイ酸塩など)に運動エネルギーをわたし,さらに,それらの運動エネルギーがアルコールにわたるからである(図 7・4).アルコールは運動エネルギーが増えて,活発に運動するようになるので体積が増え,結果的にアルコールの高さが高くなる.逆にいえば,アルコールの高さを眺めていれば,大気の成分である窒素分子や酸素分子の運動エネルギーが,増えたり減ったりすることがわかる.大気の温度が上がるということは,窒素分子や酸素分子の運動エネルギーが増えることであると考えてよい.

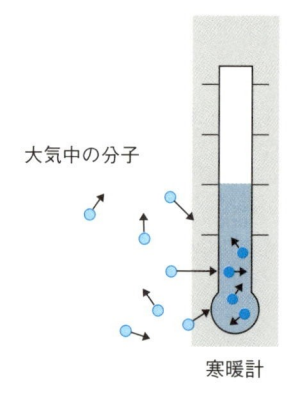

図 7・4 寒暖計で温度を測るときのエネルギー移動

7・4 ボルツマン分布則

分子の速度はそろっているわけではない(第 7・2 節).そうすると,ある温度 T のときに,ある速度をもつ分子の数は,全体の何%ぐらいだろうか.この分子の割合も,実は,分子の運動エネルギーに関係する.一般的に,ある温度 T のときに,E というエネルギーの値をもつ分子の数を N_1,これよりも

7・4 ボルツマン分布則

ΔE だけ高いエネルギー ($E+\Delta E$) をもつ分子の数を N_2 とすると，N_1 と N_2 の比は，

$$\frac{N_2}{N_1} = e^{-\frac{\Delta E}{kT}} \equiv \exp\left(-\frac{\Delta E}{kT}\right) \tag{7・11}$$

で与えられる（指数関数を exp で表現する）．これは**ボルツマン分布則**とよばれる．この式に従えば，エネルギーの差（ΔE）が大きくなればなるほど，エネルギーの高い状態に分布する分子の数が少なくなる．極端なことをいえば，エネルギー差が無限大に近づくならば（$\Delta E \to \infty$），(7・11)式の右辺はゼロに近づき，N_2 がゼロになる．つまり，エネルギーの高い状態に分布する分子が存在しないことになる．

このことを，もう少しわかりやすく説明しよう．階段の一番下から上の方にピンポン玉を投げてみる（図 7・5）．ピンポン玉は自然に階段の一番下に落ちてくるかもしれないが，くり返し，上の方に投げることにする（化学では，このような現象を平衡状態という．詳しくは，第 11 章参照）．とりあえず，赤ちゃんが投げるとしよう．赤ちゃんはまだ投げる力が弱いので，ピンポン玉は階段のすぐ上の方にたまるであろう．分子の分布もこれに似ている．分子はエネルギーの低い方が安定であり，エネルギーの高い方には分布したがらない．ボルツマン分布則は，このことを式の形で表現したものである．

今度は，温度を変えてみよう．温度が高くなるということは，T が大きくなるということである．極端なことをいえば，温度が無限大に近づくならば

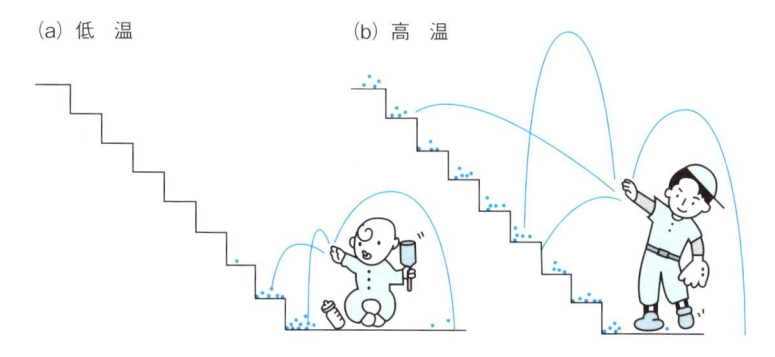

(a) 低 温　　　(b) 高 温

図 7・5　ボルツマン分布のモデル

($T\to\infty$), (7・11)式の右辺の中のかっこの中はゼロに近づき, 右辺は1に近づく. つまり, N_1 と N_2 は等しくなる. 先程のピンポン玉の例では, 温度が高いということは, 運動エネルギーが大きいということであるから, 赤ちゃんの代わりに大人が投げたことに相当する. 大人の方が投げる力は強いので, 階段のどの高さにも同じようにピンポン玉を投げることができる. すべての階段のピンポン玉の数は, ほとんど等しくなる. また, 逆に, 温度を低くして絶対零度に近づく ($T\to 0$) とする. (7・11)式の右辺のかっこの中はマイナス無限大に近づき, 右辺はゼロに近づく. つまり, N_2 がゼロであり, エネルギーが少しでも高い状態には分布しない. 赤ちゃんは眠ってしまって, ピンポン玉を投げる力がまったくないので, ピンポン玉はすべて, 一番下のところに留まっているようなものである.

7・5 分子の速度分布

ボルツマン分布則を使って, 気体の分子の速度分布を求めてみよう. わかりやすくするために, ここでは, ふたたび, まず一次元空間の運動を考えることにする. 分子の運動エネルギーは $(1/2)mv_x^2$ なので, $v_x=0$, すなわち, エネルギーがゼロ ($E=0$) の分子の数を基準の N_1 とすれば, N_2 と N_1 の比は,

$$\frac{N_2}{N_1} = \exp\left(-\frac{(1/2)mv_x^2}{kT}\right) \qquad (7・12)$$

となる. この式の右辺は $N_1=1$ と考えたときの N_2 を表す式でもある. 普通は, 分子全体の個数を1として, N_2 を数ではなく, 確率の形になおして表現することが多い. そのためには, (7・12)式の右辺を分子全体の個数 (N) で割ればよい. 分子全体の個数は, 速度 v_x が $-\infty$ から $+\infty$ までのすべての分子の合計であるから, (7・12)式の右辺を積分して求めることができる.

$$N = \int_{-\infty}^{\infty} \exp\left(-\frac{(1/2)mv_x^2}{kT}\right) dv_x \qquad (7・13)$$

この積分の値は数学の公式を使って $(2\pi kT/m)^{1/2}$ と計算できる. 結局, 速度 v_x で運動する分子の確率 (ϕ) は, (7・12)式の右辺を $(2\pi kT/m)^{1/2}$ で割り,

$$\phi = \left(\frac{m}{2\pi kT}\right)^{1/2} \exp\left(-\frac{(1/2)mv_x^2}{kT}\right) \qquad (7・14)$$

となる.

さまざまな温度で計算した速度分布を図7・6に示す.あたりまえのことであるが、速度がゼロ付近の分子が最も多い.運動エネルギーが最も低いからである.また、ある速度(v_x)と逆の速度($-v_x$)の分子の確率は同じで、対称的になっている.そして、温度が高くなるにつれて、分布はしだいに広がり、スピードの速い分子の確率が高くなる.もちろん、温度が高くなるに従って、速度の2乗の平均値($\overline{v_x^2}$)も大きくなるから、運動エネルギーの平均値($(1/2)m\overline{v_x^2}$)も大きくなる(v_xの平均値はゼロであるけれども、v_x^2の平均値はゼロではないことに注意しよう).

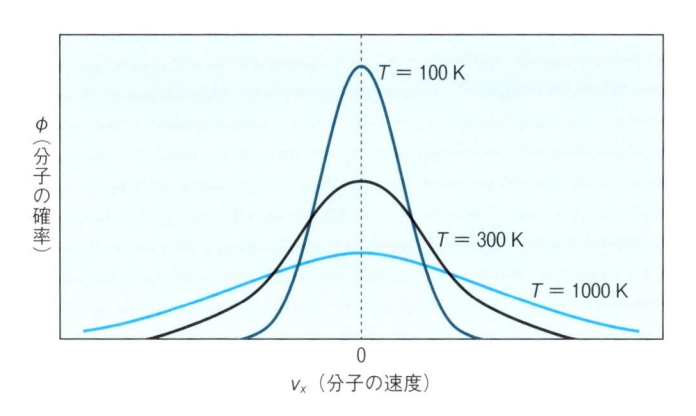

図7・6 一次元空間での速度分布

つぎに、二次元空間で分子の運動速度の分布を考えてみよう.縦軸(z軸)に分子の確率(ϕ)をとり、x軸およびy軸にそれぞれv_xおよびv_yの値をとって、立体的に描いてみると、一次元の運動からの類推で、図7・7(a)のようになることがわかる.xy平面に垂直などのような断面でもボルツマン分布則を表す式となっている.

$$\phi = \left(\frac{m}{2\pi kT}\right)\exp\left(-\frac{(1/2)m(v_x^2+v_y^2)}{kT}\right) \quad (7\cdot15)$$

ここで、注意すべきことがある.一次元の運動と異なり、分子の運動の方向は360°自由な方向を向いていることである.そして、どちらの方向を向いてい

7. ランダム運動が生む秩序

ても，もしも，速度の大きさ（$(v_x^2+v_y^2)^{1/2}$ すなわち v）が同じであれば，運動エネルギーは等しい．図 7・7(a) で考えれば，原点から等しい距離（円周上）にあるすべての分子の運動エネルギーは等しいということになる．もしも，運動エネルギーが等しいならば，それらをすべて足し合わせて，同じ仲間として分布を考えた方がわかりやすい．図 7・7(b) では，縦軸に確率（ϕ），横軸に速度の大きさ（v）をとって，分子の速度分布を二次元のグラフにした．

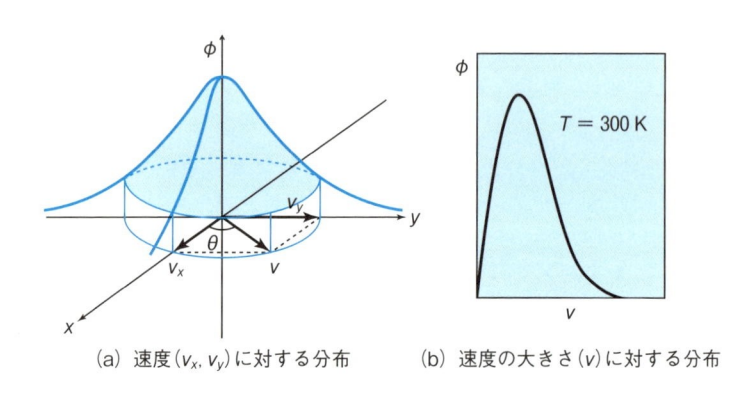

(a) 速度(v_x, v_y)に対する分布　　(b) 速度の大きさ(v)に対する分布

図 7・7　二次元空間での速度分布（ϕ：分子の確率）

以上のことを数学の言葉でいえば，つぎのようになる．変数 v_x と v_y を速度の大きさ（v）と方向（θ）に変換する．

$$v_x = v\cos\theta$$
$$v_y = v\sin\theta$$

そして，θ に関してゼロから 2π まで積分したもの（$2\pi v$ をかけたもの）を確率（ϕ）と考える．結果として，ϕ は v のみの関数となり，図 7・7(b) のようなグラフが得られる．図 7・7(a) からわかるように，本来ならば，速度 $v=0$ の分子の確率が最も高いはずである．しかし，速度が大きくなるにつれて，仲間が増え（円周が大きくなり），図 7・7(b) で示すように，ある速度の大きさでの分子の確率が最大となる（速度 $v=0$ では仲間がいない（円周がない）ので，確率もゼロとなる）．

同様にして，三次元空間での分子の速度分布を考えることができる．

7·5 分子の速度分布

$$\phi = \left(\frac{m}{2\pi kT}\right)^{3/2} \exp\left(-\frac{(1/2)m(v_x^2+v_y^2+v_z^2)}{kT}\right) \quad (7\cdot16)$$

本来ならば，x, y, z, ϕ の四次元空間でグラフを書くべきであるけれども，すでに述べたように，方向が違っていても，速度の大きさ (v) が同じであれば，それらを足し合わせて，同じ運動エネルギーをもつ仲間と考えることができる．方向に関して積分した結果を図 7·8 に示す．つまり，原点から等しい距離（球面）にある分子を同じ仲間と考えて，表面積 $4\pi v^2$ をかけたときの確率である．二次元のときと同様に，やはり，ある速度で最大値となる．

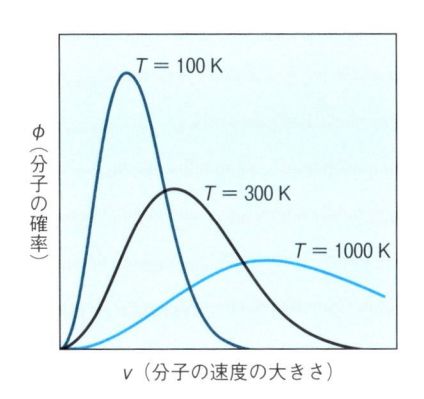

図 7·8 三次元空間での速度分布

　問題 1　実際に存在する気体（実在気体）の性質は，厳密にいえば，理想気体の状態方程式では表されない．その理由を考えてみよう．
　問題 2　宇宙空間では，分子はほとんど存在せずに，真空に近い．宇宙空間の温度はどのようにして測ればよいのだろうか．
　問題 3　分子の平均速度は分子量に依存する．水素分子（分子量 2）と酸素分子（分子量 32）の気体について，室温での運動エネルギーと速度を計算して，比較してみよう．

8

地球温暖化現象の謎

分子分光法

> 分子に可視光線を当てると，可視光線は分子によって吸収されることがある．また，紫外線が吸収されることもあるし，赤外線やマイクロ波が吸収されることもある．どのくらいのエネルギーをもつ電磁波が，どのようにして分子に吸収されるのだろうか．また，吸収された電磁波のエネルギーはどのように使われるのだろうか．ここでは，分子内の運動（振動と回転）と電磁波との相互作用に着目し，赤外線のエネルギーと分子の運動エネルギー，そして，温度との関係を正しく理解する．

8・1 大気による赤外線の吸収

　地球のすべての生物のエネルギーの多くは，太陽から供給されている．太陽からはさまざまな電磁波が放射され，その電磁波のエネルギーがさまざまに変換され，利用されている．われわれに最も親しみのある電磁波は，見える光，すなわち，可視光線である．植物などは，可視光線を利用して光合成を行っている．そのほかにも，エネルギーの大きい紫外線やX線，エネルギーの小さい赤外線や電波などが太陽から放射されている（図8・1）．地球は太陽から適

低い ←		波　数		→ 高い
長い ←		波　長		→ 短い
小さい ←		エネルギー		→ 大きい
電　波	赤外線	可視光線	紫外線	X線
ラジオ波 ・ マイクロ波	遠赤外線 ・ 中赤外線 ・ 近赤外線	赤橙黄緑青藍紫	近紫外線 ・ 遠紫外線	軟X線 ・ 硬X線

図 8・1　電磁波の種類

8・1 大気による赤外線の吸収

当な距離にあり，このような電磁波のエネルギーが熱エネルギーに変換されて，生物に適した温度が保たれている．

地球の温度を決めるもう一つの大きな要因は，地球が自ら生み出す熱エネルギーである．第1章で説明したように，地球の中心では，核反応によって大量の熱エネルギーが生み出されている．その熱エネルギーをもらったマントルの温度は 3300 K 以上にもなる．そして，マントルを経由して地表に伝わった熱エネルギーの一部は，赤外線となって宇宙に放射される．その様子を大気圏外から調べてみよう（図 8・2）．縦軸には赤外線の強度が示されている．一方，横軸には赤外線の波数（cm^{-1}）が示されている．赤外線のエネルギーは，1 cm あたりの波の数で表すことになっている．波数が高いほどエネルギーが高く，波数が低いほどエネルギーが低い（図 8・1）．図 8・2 を見ると，地球から放射される赤外線は，すべて同じ強さではないことがわかる．とくに，波数が 650 cm^{-1} 付近と 1030 cm^{-1} 付近では，穴があいたかのように，強度が小さくなっている．なぜだろうか．

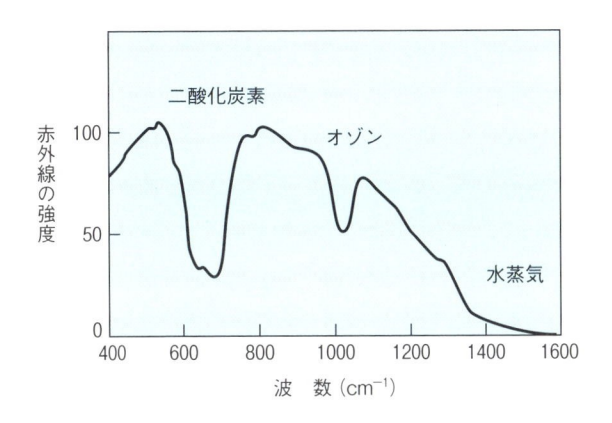

図 8・2 大気圏外から観測した地球からの赤外線の放射

実は，地球が自ら放射する赤外線は，すべてがだいたい同じような強度で放射されている．ところが，赤外線が地球の大気を通り過ぎる間に穴があいてしまう．つまり，大気の中にある何ものかによって，吸収されてしまうのである．何によってだろうか．それは"二酸化炭素（CO_2）"と"オゾン（O_3）"である．

80   8. 地球温暖化現象の謎

波数が 650 cm^{-1} 付近の赤外線は二酸化炭素によって，1030 cm^{-1} 付近の赤外線はオゾンによって吸収されてしまう．また，波数が高くなるに従って，全体として強度が弱くなるのは，大気中の水蒸気による吸収である．

　二酸化炭素は，どのようにして赤外線を吸収するのだろうか．どうして，650 cm^{-1} 付近の赤外線を吸収して，その他の赤外線を吸収しないのだろうか．また，二酸化炭素とオゾンでは，どうして吸収する赤外線の波数（エネルギー）が違うのだろうか．これらの問題に答えるためには，分子の運動エネルギーについて考えなければならない．

8・2　分　子　の　振　動

　分子は常に運動している．運動といっても，分子全体（分子の重心）が，ある位置から別の位置に移る移動（第7章で述べた並進運動）のことではない．重心の位置が変わらなくても，原子核の位置が相対的に動くことはある．簡単のために，水素分子を考えよう．原子核と原子核の真ん中に重心がある．二つの原子核が同じ距離だけ離れたり近づいたりすると，重心の位置は常に変わらないけれども，二つの原子核は確かに動いている．これを**分子振動**とよぶ．分子振動は**分子内運動**の一つである（図8・3）．

　分子では，正の電荷をもつ原子核と原子核の間に，負の電荷をもつ電子が存在する（第4章参照）．原子核が電子から離れようとすると，原子核は電子によって引戻される．逆に，正の電荷をもつ原子核どうしが近づこうとすると，反発して離れようとする．この運動は，ちょうど，バネの両端におもりをつけたときに，バネが伸びたり縮んだりする運動に似ている．まさに，結合電子対

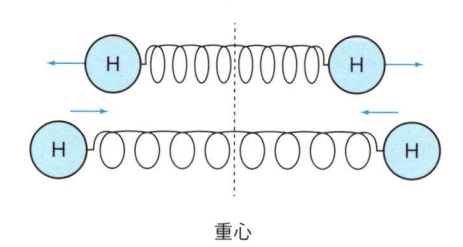

重心

図 8・3　水素分子の振動モデル

8・2 分子の振動

がバネの役割を果たし，原子核がおもりの役割を果たしていると考えることができる（図8・3）．

バネには強いバネと弱いバネとがある．その強さを表すものが**力の定数**である．分子にも力の定数の大きいものと小さいものがある．結合電子対の存在確率，すなわち，結合性軌道の波動関数の振幅が異なるからである（第4章参照）．結合電子対の存在確率が大きくなれば力の定数も大きくなり，振動のエネルギーも大きくなる．もちろん，原子核の質量が異なれば，力の定数が同じでも，振動のエネルギーは異なる．振動のエネルギーは，"力の定数"と"原子の質量"の関数である．

振動のエネルギーがどのような関数であるかは，量子論を使うと厳密に求めることができる．詳しいことは省略して，結果だけを示そう．水素分子の場合，水素原子の質量を m_H，力の定数を k とすると（k はボルツマン定数ではない），

$$振動のエネルギー = \frac{h}{2\pi}\left(\frac{2k}{m_H}\right)^{1/2}\left(v+\frac{1}{2}\right) \qquad (8・1)$$

と表される．ここで，h は電子のエネルギーのときにも現れたプランク定数である（第3章参照）．また，v は振動の量子数とよばれ（v は分子の速度ではない），ゼロから始まる整数の値をとる．

$$v = 0, 1, 2, \cdots\cdots$$

図 8・4 振動のエネルギー

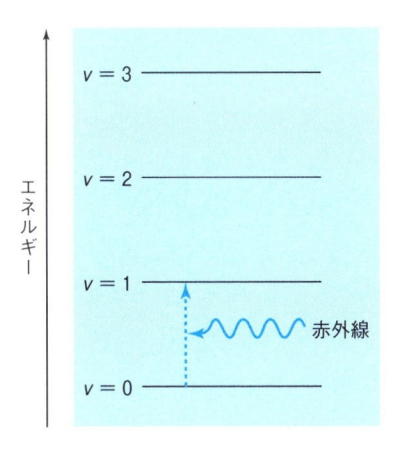

電子のエネルギー（図3・5）と同じように，振動のエネルギーもとびとびの値である（図8・4）．振動の量子数vがゼロの状態と，vが1の状態のエネルギーの差はどのくらいだろうか．実は，赤外線のエネルギーに等しい．そこで，そのエネルギー差にちょうど等しいエネルギーをもつ赤外線が，分子によって吸収される．赤外線を吸収した分子はエネルギーが増え，速く振動するようになる．

実をいうと，水素分子は赤外線を吸収しない．その理由は，赤外線は電場と磁場が振動する電磁波の一種であり，分子が電磁波を吸収するためには，分子と電磁波が電気的な相互作用をする必要があるからである．水素分子はどんなに原子核と原子核の距離が伸びたり縮んだりしても，分子の中の電荷分布は重心に対して右と左で完全に対称的になっていて，電荷の偏りがない．そして，電磁波との相互作用ができないので，赤外線は水素分子によって吸収されずに素通りしてしまう．水素分子のように，同じ種類の2個の元素から成る分子（等核二原子分子）は，すべて赤外線を吸収しない．したがって，大気中に窒素分子や酸素分子がいくらあっても，それらが赤外線を吸収することはない．一方，異なる種類の2個の元素からなる分子（異核二原子分子）は，電荷分布が重心に対して右と左で異なる．結果として，分子に電荷の偏り（永久双極子モーメント）があるので，赤外線と電気的に相互作用し，その赤外線を吸収することができる．一酸化炭素（CO）や一酸化窒素（NO）などがその例である．

8・3 二酸化炭素と水分子の振動

二酸化炭素は直線分子であり，真ん中に炭素原子，その両側に酸素原子がある（図8・5）．この分子も左右対称であるから，永久双極子モーメントがない．そうすると，二酸化炭素は赤外線を吸収しないのだろうか．

二酸化炭素の振動は，二原子分子のものと比べると，かなり複雑である．分子の重心を動かさずに振動する原子核の運動には，4種類がある．たとえば，二つの酸素が同じ距離だけ伸びたり縮んだりする運動がある．これは**対称伸縮振動**とよばれる．また，一つの酸素が炭素に近づき，もう一つの酸素が炭素から離れる振動がある．この場合も，重心は動かない．これは**逆対称伸縮振動**とよばれる．炭素が重心よりも上に動き，二つの酸素が下に動く運動もある．これは結合角が広くなったり狭くなったりするので，**変角振動**とよばれる．同様

8・3 二酸化炭素と水分子の振動   83

に,紙面から炭素が手前に動き,酸素が奥に動く振動がある.これも変角振動とよばれる.二つの変角振動は方向が異なるだけで,原子核の動きはまったく同じであり,振動のエネルギーもまったく同じである.これらの二つの変角振動を併せて,**縮重変角振動**とよぶ.

縮重変角振動では,原子核の動きが分子の重心に対して対称的でないので,電荷の偏りができる(誘起双極子モーメント).したがって,二酸化炭素は赤外線と相互作用することができ,赤外線を吸収する.図 8・2 の 650 cm^{-1} の赤外線が吸収されたのは,この振動が原因である.逆対称伸縮振動でも電荷の偏りができるので,赤外線を吸収する.この振動によって,2300 cm^{-1} 付近の赤

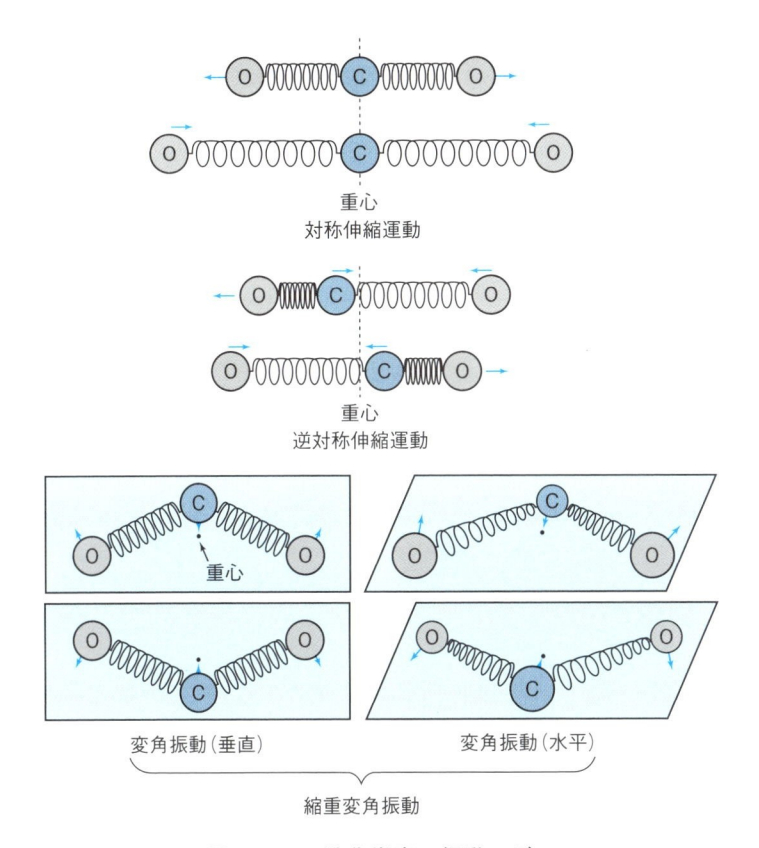

図 8・5 二酸化炭素の振動モデル

外線が吸収されるが，図 8・2 には示していない．一方，対称伸縮振動では，原子核の動きが重心に対して対称的であり，電荷の偏りはできない．したがって，この振動によって赤外線を吸収することはない．結局，二酸化炭素は 2 種類の赤外線のみを吸収する．

水分子（水蒸気）は，二酸化炭素と同じように 3 個の原子からできているにもかかわらず，3 種類の赤外線を吸収する．図 8・2 に示した 1600 cm^{-1} 付近の赤外線のほかに，3600 cm^{-1} 付近と 3750 cm^{-1} 付近の赤外線を吸収する．水分子は，どうして 3 種類の赤外線を吸収するのだろうか．その答えは分子の形にある．水分子の形は二等辺三角形であり（第 5 章参照），3 種類の振動がある（図 8・6）．両方の O－H 結合距離が同じ方向に伸びたり縮んだりする振動（対称伸縮振動），逆の方向に伸びたり縮んだりする振動（逆対称伸縮振動），H－O－H 結合角が広くなったり狭くなったりする振動（変角振動）である．そもそも，水分子の形は重心に対して対称的でないので，電荷の偏りがある（第 6 章参照）．したがって，どのような振動をしても，電荷の偏りのために赤外線を吸収することができ，3 種類の赤外線を吸収する．

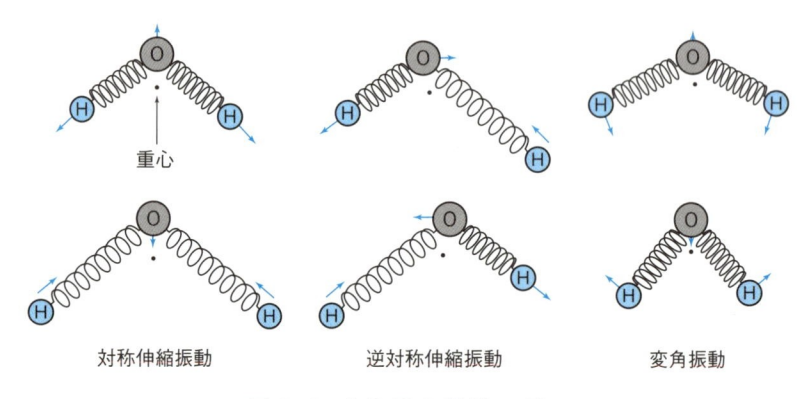

図 8・6 水分子の振動モデル

8・4 分子の回転

重心の位置を変えない分子内運動で，しかも，原子核と原子核の距離も変わらない運動がある．**分子回転**である．分子が重心を中心にして回転すると，原

子核は運動するが,振動はしない.回転のエネルギーは,どのような関数になるのだろうか.この関数も,量子論を使って,厳密に求めることができる.水素分子の場合には,水素原子の質量 (m_H) と原子核間距離 (r) の関数となり,

$$回転のエネルギー = \frac{h^2}{4\pi^2 m_H r^2} J(J+1) \quad (8・2)$$

となる.ここで,J は回転の量子数とよばれ,ゼロから始まる整数の値をとる.

$$J = 0, 1, 2, \cdots\cdots$$

分子振動のエネルギーの場合と同じように,分子回転のエネルギーもとびとびの値である.ただし,振動のエネルギーが等間隔である(図8・4)のに対して,回転のエネルギーは,回転の量子数 J が大きくなるにつれて,間隔が広がっている(図8・7).また,回転のエネルギーは,振動のエネルギーよりも,かなり小さい.回転の量子数 J がゼロのときのエネルギーと,J が1のときのエネルギー差は,電磁波でいうとマイクロ波である.したがって,分子は振動によって赤外線を吸収するばかりではなく,回転によってマイクロ波を吸収することもできる.マイクロ波を吸収した分子はエネルギーが増え,速く回転するようになる.

すべての分子がマイクロ波を吸収するわけではない.振動のときと同じように,その分子に電荷の偏りがなければマイクロ波と相互作用ができないので,マイクロ波は吸収されずに素通りしてしまう.水素分子,窒素分子,酸素分子,

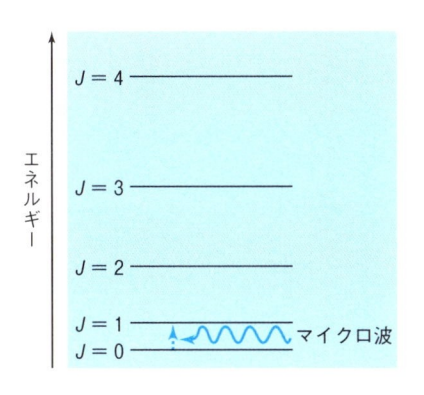

図 8・7 回転のエネルギー

二酸化炭素などは，回転しても電荷の偏りはできないので，マイクロ波を吸収することはない．一方，一酸化炭素，一酸化窒素，水分子，オゾンなどは，回転によってマイクロ波を吸収する．分子が電磁波を吸収するかしないか，どのようなエネルギーの電磁波を吸収するかを調べることは，分子の形に関する情報を得るための重要な実験方法である．このような方法を"分子分光法"という．

8・5　熱エネルギーの移動

　二酸化炭素，オゾンや水分子に吸収された赤外線のエネルギーはどうなるのだろうか．おそらく，分子はエネルギーの高い状態では不安定なので，エネルギーの低い基底状態（振動の量子数 v がゼロの状態）になろうとする．そのためには，いろいろな方法がある．一つの方法は，せっかく吸収した赤外線ではあるけれども，また，同じ赤外線を放射する．これを"再放射"という（図8・8(a)）．もう一つの方法は，まわりにたくさんある窒素分子や酸素分子に"衝突"して，エネルギーをわたす（図8・8(b)）．前者の場合には，大気全体のエネルギーは何も変わらないけれども，後者の場合には，大気を構成する分子の運動エネルギーが少し増えることになる．そして，第7章で説明したように，分子の運動エネルギーが増えれば，大気の温度が上がることになる．ただし，その量はそれほど多くはないかもしれない．なぜならば，二酸化炭素は大気の成分の中ではアルゴンよりも少なく，極微量だからである（図1・9参照）．窒素は約78％，酸素は約21％，そして，アルゴンは約1％であり，それらを合計

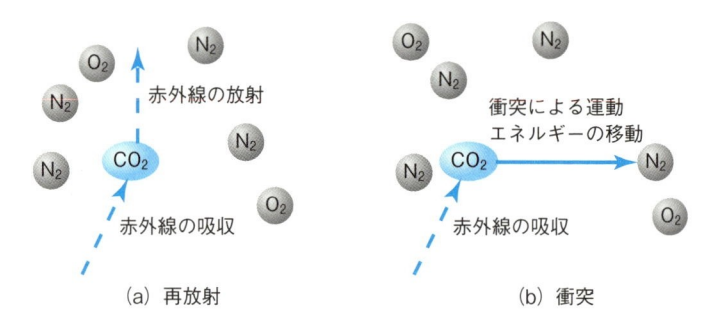

図8・8　赤外線のエネルギーの行方

8・5 熱エネルギーの移動

すればほぼ百パーセントになる．二酸化炭素は最近増えたといっても，わずかに約 0.04 ％ である．衝突によって，まわりにある大量の窒素分子や酸素分子のエネルギーを増やすことは，それほどやさしいことではない．

また，逆のエネルギーのやりとりも考えられる．もしも，運動エネルギーをたくさんもっている窒素や酸素が，二酸化炭素と衝突して運動エネルギーをわたし，その二酸化炭素が赤外線を放射したとしよう．そうすると，大気全体の運動エネルギーが減ったことになり，大気の温度が下がることになる．宇宙に向かって放射された赤外線は，地球にもどってくることはない．

ここで，熱エネルギー（振動エネルギー，回転エネルギーを含めた運動エネルギー）の伝わり方について，少し，まとめておこう．一般には，"伝導"と"対流"と"放射"に分類される．たとえば，地球の大気の温度を考えてみよう．第1章で述べたように，地球の内部には 3300 K 以上のマントルがあるけれども，地表に近づくと 1800 K ぐらいである．どうして，地表近くでマントルの温度が下がるかというと，マントルが地表に熱エネルギーをわたすからである（温度と熱エネルギー（運動エネルギー）の関係については，第7章を参照）．そして，熱エネルギーをもらった地表は暖かい．これは**伝導**である（図 8・9 (a)）．熱エネルギーの伝導があるので，火山国であるアイスランドは，北極圏にあるにもかかわらず，1年中，人が住むことができる．

大気を構成する窒素分子や酸素分子は，地表と衝突して，地表を構成する分

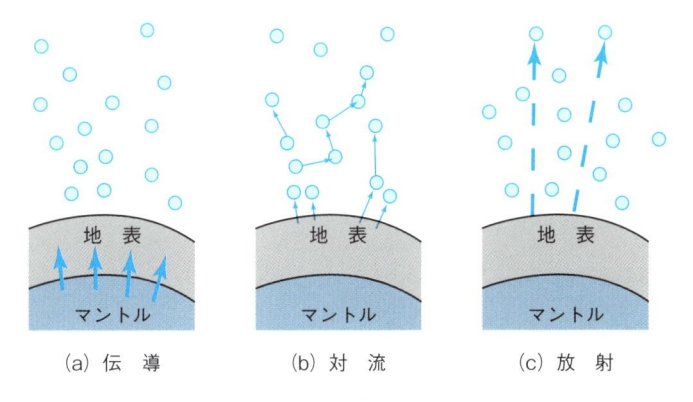

図 8・9 熱エネルギーの移動

子からエネルギーをもらい，運動エネルギーを増やす．窒素分子や酸素分子は地表と繰返し衝突してエネルギーをやりとりしているので，地表と地表近くの大気の温度はほとんど同じになる．つまり，温度平衡になる．地表から離れたところにある窒素分子や酸素分子も，直接に，地表と衝突しなくても，運動エネルギーを増やすことができる．地表に衝突することによって，運動エネルギーを増やした窒素分子や酸素分子に衝突すればよい．つまり，伝言ゲームのように，分子どうしがつぎつぎと衝突して，地表から離れた窒素分子や酸素分子にもエネルギーを伝える．これが**対流**である（図8・9(b)）．ただし，伝えることのできるエネルギーは，地表から離れれば離れるほど少なくなり，結果的に，高度が高くなれば，大気の温度は低くなる．高度が高くなれば気圧が低くなり，分子密度が小さくなり，分子どうしが衝突する確率も少なくなるからである．

地表からは赤外線が放射されている．もしも，赤外線を吸収できれば，地表から離れていても，分子の振動エネルギーは増えることになり，大気の温度は高くなる（図8・9(c)）．これが**放射**である．しかし，すでに述べたように，電気的な偏りのない窒素分子や酸素分子は，赤外線を吸収することができないので，直接，放射によって大気の温度が高くなることはない．もしも，地球誕生直後の大気のように（図1・9参照），大気のほとんどが二酸化炭素でできていたならば，"放射"によって大気の温度は高くなったかもしれない．

問題 1 水素（H）から成る水素分子（H_2）と，重水素（D）から成る重水素分子（D_2）の振動エネルギーについて考えてみよう．力の定数は異なるだろうか．振動のエネルギーの大きさの比は，どのようになるだろうか．

問題 2 オゾン（O_3）は3種類の赤外線を吸収する．オゾンの形は二酸化炭素のような直線形だろうか．それとも，水分子のような二等辺三角形だろうか．また，どのように振動するかを調べてみよう．

問題 3 電子レンジは料理でよく使われる．どうして，電子レンジを使うと，料理を温めることができるのだろうか．また，電子レンジで使ってはならない食器の材質がある．その材質と理由について考えてみよう．

9

エネルギーは不滅である
熱力学第一法則

> 物理学には，エネルギー保存則という基本的な法則がある．化学にも同様なエネルギー保存則があり，熱力学第一法則として知られている．化学でとくに重要な役割を果たしている熱エネルギーと仕事エネルギーは，分子の運動に直接関係している．ここでは，気体や液体を例にとって，熱力学第一法則とエンタルピーの概念を理解する．また，物質の熱容量が，体積一定の条件や圧力一定の条件によって，どのように変化するかを理解する．

9・1 気体の熱エネルギーと仕事エネルギー

気体を入れ物に入れて，加熱してみよう．気体は暖まり，気体の温度が上昇する．もしも，体積が変化しない"かたい瓶"のような入れ物であれば，気体の圧力も増加する．一方，もしも，体積が変化する"やわらかい風船"のような入れ物であれば，圧力が増加するだけでなく，気体の体積も増加する（図9・1）．この二つの入れ物の場合で，同じ熱エネルギーを与えたときに，どちらの気体の温度がより高く上昇するのだろうか．

自然界には，**エネルギー保存則**という基本的な法則がある．気体に熱エネルギーを与えるときにも，このエネルギー保存則は成り立っているはずである．それを一般的に表せば，

$$\Delta U = Q + W \qquad (9 \cdot 1)$$

となる．ここで，ΔU は気体の**内部エネルギー**の増加量，Q は気体に与えられた**熱エネルギー**，W は気体に対して行われた**仕事エネルギー**を表す．U の前にわざわざ Δ を付けた理由は，もともとある内部エネルギーに，さらに増えた量を表すためである．つまり，Δ は変化した量であることを表す．この (9・1) 式は，**熱力学第一法則**とよばれ，熱力学でのエネルギー保存則を表して

9. エネルギーは不滅である

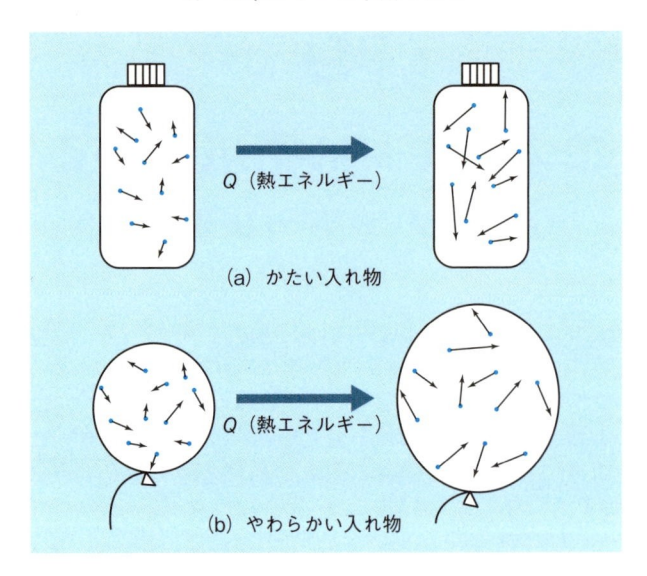

図9・1 気体に熱エネルギーを与えると
(a) かたい入れ物
(b) やわらかい入れ物

いる．熱力学第一法則は，気体の内部エネルギーの増加（ΔU）が，外から気体に与えられた熱エネルギー（Q）と，外から気体に対して行われた仕事エネルギー（W）の和に等しいことを意味する．

気体の内部エネルギー U は，気体分子の運動エネルギーの合計を表している（第7章参照）．第8章で学んだ分子の振動のエネルギーや回転のエネルギーも内部エネルギーである．一方，W は外から気体に対して行われた仕事エネルギーであり，圧力が一定ならば，圧力（P）に体積変化（ΔV）をかけたものである．式で表せば，

$$W = -P\,\Delta V \tag{9・2}$$

となる．第7章で説明したように，圧力は，単位面積あたりの力である．したがって，圧力に体積をかければ，（力×長さ）になり，確かに仕事（エネルギー）となる．マイナスの符号をつけた理由は，外から気体に対して仕事が行われるときには，気体は圧縮されて，体積が減少するからである（$\Delta V < 0$）．このようにマイナスの符号をつければ，気体が外からの圧縮によってエネルギーを得るときには，W の符号は正の値となる．W の符号が"正になる"ことと，気

9・1 気体の熱エネルギーと仕事エネルギー

体の内部エネルギーが"増加する"ことが一致するのでわかりやすい．逆に，気体が外に対して仕事をするときには，気体は膨張し，体積が増加するので（$\Delta V > 0$），W の符号は負となる．W の符号が"負になる"ことと，気体の内部エネルギーが"減少する"ことが一致する．熱力学では，物質の立場になって，物理量が増えるときには正の値，減るときには負の値になるように定義する．

熱力学第一法則をつぎのように変形してみよう．

$$Q = \Delta U + (-W) \tag{9・3}$$

仕事エネルギーに負の符号がついているから，これは外から気体に対して行われた仕事エネルギーではなく，逆に気体が外に対して行った仕事エネルギーを表している．つまり，この式には，「加熱によって与えられた熱エネルギーは，

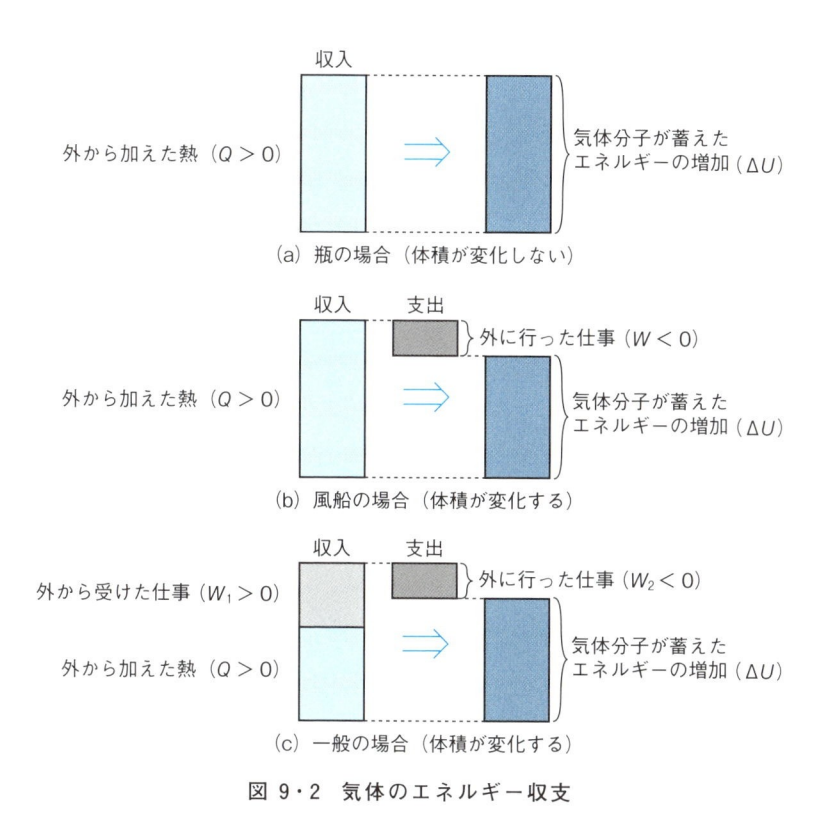

図 9・2 気体のエネルギー収支

内部エネルギーの増加と気体が外に対して行った仕事エネルギーに振分けられる」という意味がある．この式を使って，始めに述べた，"かたい入れ物"と"やわらかい入れ物"の場合のエネルギーの増減について，考えてみよう．

体積が変わらないかたい瓶のとき（$\Delta V=0$）には，仕事エネルギー（W）はゼロである．したがって，熱エネルギーはすべて内部エネルギーに変換され，分子の運動エネルギーが増加する（図9・2(a)）．一方，やわらかい風船に気体を入れたときには，与えられた熱エネルギーの一部は外界を押し退けるための仕事にも使われる．与えられた熱エネルギーの一部が外に対する仕事エネルギーとして消費されるので，気体の運動エネルギーの増加は，かたい瓶のときと比べて少なくなる（図9・2(b)）．すでに第7章で述べたように，運動エネルギー（$(1/2)mv^2$）と温度（T）との間には，(7・10)式のような比例関係があるから，運動エネルギーが増えれば増えるほど，気体の温度は高くなるはずである．結果として，同じ熱エネルギーを与えても，かたい瓶のときの方が，やわらかい風船のときよりも気体の温度の上昇は大きい．もっと一般的に表現すれば，「熱エネルギーと仕事エネルギーの両方が与えられ，それらは仕事エネルギーと内部エネルギーに振分けられる」となる（図9・2(c)）．

9・2 強制的に膨張させると？

気体を注射器に入れ，シリンダーを強制的に引張り，無理やり膨張させてみよう（図9・3）．どのようなことが起こるだろうか．「膨張する」ことは「外に対して仕事をする」ことを意味するから，Wが負になる．このとき，外との熱エネルギーの出入りがないとしよう（$Q=0$）．この条件を熱力学第一法則

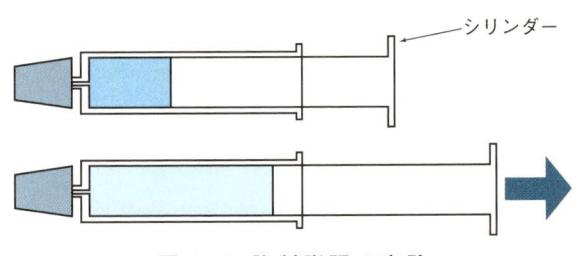

図9・3 強制膨張の実験

((9・1)式) に代入すれば，$\Delta U = W$ となる．W が負であるから，ΔU も負になる．気体は外に対して仕事をしたのだから，当然，内部エネルギーは減少する．そして，内部エネルギーが減少すれば，気体の温度が下がる．

　強制的に膨張させるときに，気体の内部エネルギーは，どのようにして減少するのだろうか．この問題を分子レベルで考えてみよう．気体の中の分子は，入れ物の壁に絶えず衝突している．すでに第 7 章で説明したように，この衝突が気体の圧力である．分子はこの壁に衝突すると，普通は全く同じスピードで反対向きに跳ね返される．しかし，気体を無理やり膨張させると，壁が分子から逃げるので，壁に衝突する分子の速度は，わずかに減少する（図 9・4）．速度が減少すれば，気体の運動エネルギーが減少し，気体の温度は下がる．逆に，気体を強制的に圧縮するときには，壁が分子に向かって動く．したがって，壁に衝突する分子の速度はわずかに増加し，気体の温度は上昇する．

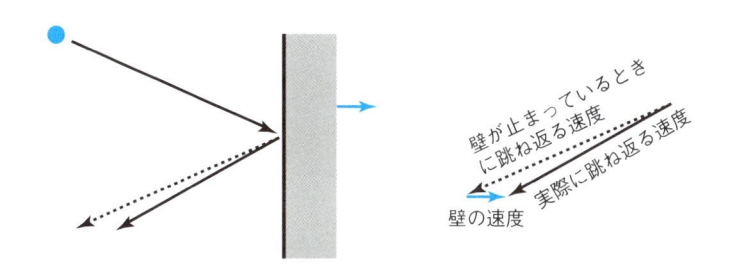

図 9・4　強制膨張のときの分子の速度変化

9・3　水 の 蒸 発

　これまでは，気体に熱エネルギーを与えても，気体は気体の状態のままであった．しかし，物質の状態には，気体以外にも液体とか固体の状態がある（第 11 章参照）．液体に熱エネルギーを与えるときには，液体のままではなく，気体になることもある．このように，物質の状態が変化するときには，熱力学第一法則をどのように解釈したらよいのだろうか．最も簡単な例として，水が蒸発するときの熱エネルギー（蒸発熱）について考えてみよう．

　まず，20 ℃（293.15 K）の水を用意して，コンロの火にかけてみる．水は熱エネルギーを吸収してしだいに熱くなり，やがて 100 ℃（373.15 K）になり，

沸騰が始まる．そのまま加熱を続けると，温度は100℃のままで，しだいに水の量が減ってくる．水の一部が気体の水，すなわち，水蒸気に変化したからである．液体が気体になるときには体積が急激に増え，膨張する．たとえば，1ミリリットルの水が気体になると，その体積はおよそ1.7リットルになる．体積が増えて膨張したのだから，水は外に対して仕事をすることになる．実は，コンロの火から与えられた熱エネルギーの約1割が，仕事によって消費される．残りの熱エネルギーはどこへ行ったのだろうか．もしも，熱力学第一法則が成り立っているとするならば，残りの熱エネルギーは水の内部エネルギーとして蓄えられると解釈できる．しかし，内部エネルギーといっても，運動エネルギーになるとは考えられない．なぜならば，100℃の水が100℃の水蒸気に変化するのだから，水分子の温度は変わらない．つまり，分子の運動エネルギーは変化しないと考えるべきである．熱エネルギーはどこへ行ったのだろうか．

100℃の液体の水と，100℃の水蒸気を分子レベルで考えてみよう．水分子は，液体の状態では，水素結合によって分子どうしが引付け合っている（第6章参照）．蒸発によって気体になると，分子は独立に広い空間を飛び回る．温度が同じであり，分子の運動エネルギーが同じであっても，液体の水から気体

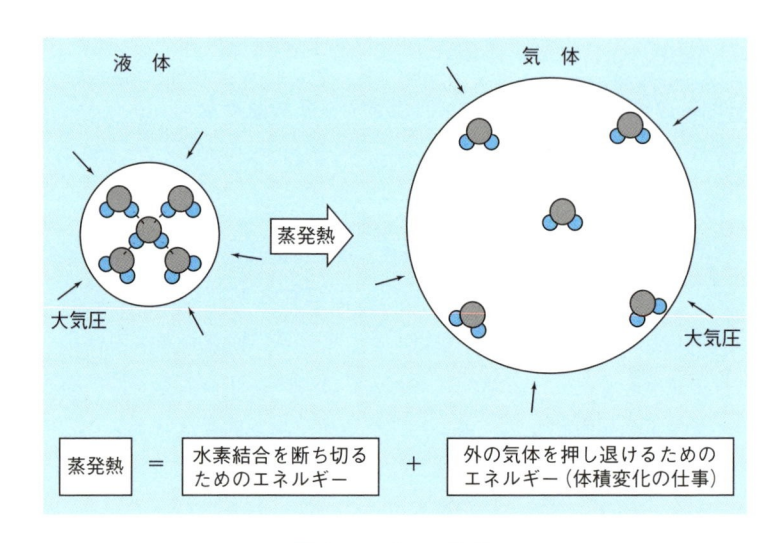

図9・5 水の蒸発

の水蒸気になるためには，この水素結合を断つためのエネルギーを余分に必要とする．つまり，水素結合エネルギーも，水分子にとっては内部エネルギーの一部である（図9・5）．このように，物質の状態が変化するときには，運動エネルギー以外にも，その状態の固有のエネルギー（水素結合エネルギーなど）も，内部エネルギーとして考慮しなければならない．

9・4 反応熱とエンタルピー

化学反応は，大気圧下（圧力一定の条件下）で起こることが多い．この条件のもとでは，仕事エネルギーは (9・2)式で表される．したがって，化学反応前後のエネルギーの関係は，熱力学第一法則より，

$$Q = \Delta U + P\Delta V \tag{9・4}$$

となる．この Q を**反応熱**とよぶ．とくに，反応熱が正のときには**吸熱反応**（物質のエネルギーが増える），負のときには**発熱反応**（物質のエネルギーが減る）という．吸熱反応では，熱エネルギーを与えないと反応が進まないが，発熱反応では，反応が進むにつれて熱エネルギーが放出される．

ここで，もう一度，水の蒸発について考えてみよう．同じ温度（100℃）の液体の水を気体の水蒸気に変えるときには，反応熱と同じエネルギーが必要である．どのくらいの反応熱が必要であるかを考えるときには，内部エネルギー（運動エネルギー，水素結合エネルギーなど）と仕事エネルギー（気体から液体に変わるときの体積変化による仕事エネルギー）が，どのくらい変化するかを考えなければならない．そこで，内部エネルギーに仕事エネルギーを考慮したエネルギーを物質の新たなエネルギーとして定義し，そのエネルギー差が反応熱に等しいと考えた方がわかりやすい（図9・6）．このようにして生まれたエネルギーの概念が，**エンタルピー**（ギリシャ語で"温める"という意味）という物理量である．エンタルピー（H）は，

$$H = U + PV \tag{9・5}$$

と定義される．エンタルピーの変化量は，微分の公式から，

$$\Delta H = \Delta U + P\Delta V + V\Delta P \tag{9・6}$$

となる．日常の化学反応では，圧力は一定（$\Delta P=0$）であるから，

$$\Delta H = \Delta U + P\Delta V \tag{9・7}$$

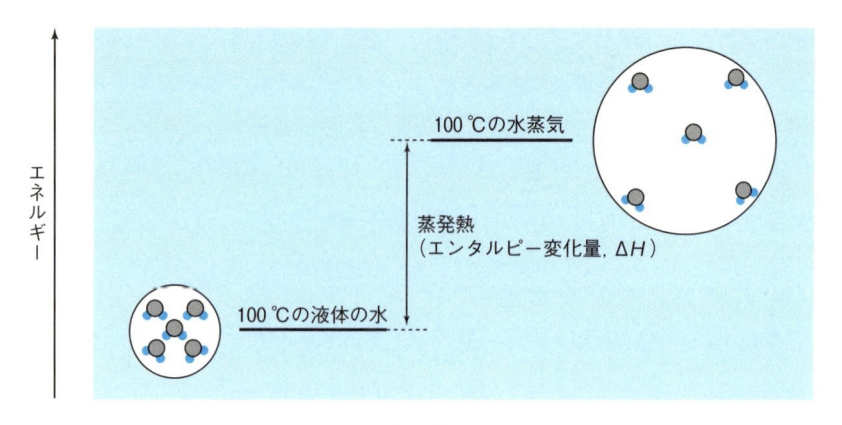

図 9・6 水の蒸発とエンタルピー変化

となり，エンタルピー変化量は (9・4)式の反応熱に一致すると考えてよい．

一般に，物質の状態の変化だけではなく，物質そのものが変化する化学反応でも，反応の前後のエンタルピー変化量が反応熱になる．たとえば，1気圧のもとで炭素を燃やして，二酸化炭素が生成したとする．この場合に，どのくらいの熱エネルギーが放出されるだろうか．まず，1モルの炭素が酸素によって酸化されて，一酸化炭素になるとすると，110.5 kJ の熱エネルギーが放出される．つまり，エンタルピー変化量は $\Delta H = -110.5 \text{ kJ mol}^{-1}$ である．式で表せば，

$$\text{C(s)} + (1/2)\text{O}_2(\text{g}) \longrightarrow \text{CO(g)} \qquad \Delta H = -110.5 \text{ kJ mol}^{-1} \qquad (9 \cdot 8)$$

と書ける．括弧の中の s は固体 (solid) を表し，g は気体 (gas) を表している．すでに述べたように，物質の状態が変わると，内部エネルギーも変わるので，物質がどのような状態であるかを正確に定義しなければならない．

さらに，1モルの一酸化炭素が酸素によって酸化されて二酸化炭素になる場合には，2.5倍近くの 283.0 kJ の熱エネルギーが放出される．式で表せば，

$$\text{CO(g)} + (1/2)\text{O}_2(\text{g}) \longrightarrow \text{CO}_2(\text{g}) \qquad \Delta H = -283.0 \text{ kJ mol}^{-1} \qquad (9 \cdot 9)$$

となる．(9・8)式と (9・9)式がわかっていると，炭素がいきなり二酸化炭素に酸化されるときに放出される熱エネルギーを，容易に計算することができる．そのためには，(9・8)式と (9・9)式を数式のように足せばよい．そうすると，

$$\text{C(s)} + \text{O}_2(\text{g}) \longrightarrow \text{CO}_2(\text{g}) \qquad \Delta H = -393.5 \text{ kJ mol}^{-1} \qquad (9 \cdot 10)$$

が得られる．このように，エンタルピー変化量には加成性があり，二つの化学反応のエンタルピー変化量がわかれば，それらを組合わせた化学反応のエンタルピー変化量を容易に計算することができる．これを**ヘスの法則**という．

9・5 物質の熱容量

　気体に熱エネルギーを与えると，気体の温度は上昇する．同じ量の熱エネルギーを与えても，気体の種類が異なれば，温度の上昇の仕方も異なる可能性がある．1モルの気体の温度を1K上昇させるためには，どのくらいの熱エネルギーが必要なのかを調べてみよう．1モルの気体を1K上昇させるために必要な熱エネルギーのことを，**モル熱容量**（C）とよぶ．モル熱容量は気体に熱エネルギーを与えるときの条件（気体の体積を一定に保つか，圧力を一定に保つか）に依存する．体積が一定のときには，すでに述べたように，気体は仕事をしないから，熱エネルギーはすべて内部エネルギーとなって，気体の温度上昇に使われる．体積一定のときのモル熱容量は**定容モル熱容量**（C_V）とよばれ，「温度を1K上昇させるために必要な"内部エネルギー"」と定義することができる．数学の式で表せば，

$$C_V = \left(\frac{\partial U}{\partial T}\right)_V \tag{9・11}$$

となる．ここで∂は偏微分の記号，添え字のVは体積一定の条件を意味する．もしも，C_Vが温度によらずに一定であるならば，両辺を温度で積分すると，

$$C_V \Delta T = \Delta U \tag{9・12}$$

となって，内部エネルギー変化量はモル熱容量と温度差の積として求めることができる．

　一方，圧力が一定のときには，(9・4)式と(9・7)式からわかるように，熱エネルギーはエンタルピーと一致する．したがって，圧力が一定のときのモル熱容量，すなわち**定圧モル熱容量**（C_P）は，「温度を1K上昇させるために必要な"エンタルピー"」と定義することができる．式で表せば，

$$C_P = \left(\frac{\partial H}{\partial T}\right)_P \tag{9・13}$$

となる．この場合には，エンタルピー変化量がモル熱容量と温度差の積として

表される.

$$C_P \Delta T = \Delta H \quad (9 \cdot 14)$$

同じ物質であっても,体積一定の条件下で温める場合と,圧力一定の条件下で温める場合で,必要とする熱エネルギーの量が異なる.どちらの条件の方が熱エネルギーが少なくてすむのだろうか.すなわち,C_VとC_Pのどちらの値が小さいのだろうか.この答えは,理想気体の場合には,すぐにわかる.1モルの理想気体の状態方程式($PV = RT$,(7・1)式で$n=1$を代入)を使えば,内部エネルギーとエンタルピーの関係は,

$$H = U + RT \quad (9 \cdot 15)$$

となる.圧力一定の条件下で,両辺を温度Tで偏微分すれば,

$$\left(\frac{\partial H}{\partial T}\right)_P = \left(\frac{\partial U}{\partial T}\right)_P + R \quad (9 \cdot 16)$$

となる.理想気体の場合には,内部エネルギーは温度のみの関数であり($U=(3/2)RT$),圧力にも体積にも依存しないから,

$$\left(\frac{\partial U}{\partial T}\right)_P = \left(\frac{\partial U}{\partial T}\right)_V \quad (9 \cdot 17)$$

が成り立つ.結局,(9・16)式は,

$$\left(\frac{\partial H}{\partial T}\right)_P = \left(\frac{\partial U}{\partial T}\right)_V + R \quad (9 \cdot 18)$$

である.そして,(9・11)式と(9・13)式を(9・18)式に代入すれば,

$$C_P = C_V + R \quad (9 \cdot 19)$$

が得られる.つまり,体積一定の条件のときの方が,気体定数の大きさだけ,モル熱容量は小さく,少ない熱エネルギーで気体の温度が上がる.

代表的な気体の25℃(298.15 K)における定圧モル熱容量(C_P)を表9・1に示す.貴ガスの場合には,種類が異なっていても,すべてが同じ20.79 J K^{-1} mol^{-1}になっている.どうして,そのようになるのだろうか.答えは簡単である.すべての貴ガスは理想気体としてみなすことができ,内部エネルギーは$(3/2)RT$で表されるからである.これを温度Tで微分すれば定容モル熱容量(C_V)が得られ,$(3/2)R$となる.さらに,(9・19)式より,貴ガスの定圧モル熱容量(C_P)は$(5/2)R$となる.気体定数Rは約8.31 J K^{-1} mol^{-1}であ

9・5 物質の熱容量

表 9・1 おもな気体の定圧モル熱容量

気体	定圧モル熱容量 $C_P (\mathrm{J\,K^{-1}\,mol^{-1}})$
He	20.79
Ne	20.79
Ar	20.79
Kr	20.79
N_2	29.12
O_2	29.36
CH_4	35.79

るので，その 5/2 倍を計算すれば $20.78\,\mathrm{J\,K^{-1}\,mol^{-1}}$ が得られる．この値は実験で求めた値（表 9・1）とよく一致する．

窒素や酸素のような二原子分子になると，定圧モル熱容量の値は貴ガスよりも大きくなる．第 8 章で説明したように，原子が結合して分子になると，くるくると回転をするようになるからである．つまり，気体の温度を 1 K 上昇させるためには，回転に必要なエネルギーも含めて，熱エネルギーをたくさん与えなければならない．その結果，二原子分子の C_P は貴ガスよりも大きくなる．

問題 1 強制的に膨張させるのではなく，気体の入った容器を真空の容器につないで膨張させるときには，気体の温度の変化はほとんどない．その理由を考えてみよう．

問題 2 炭素 (s)，水素 (g)，メタン (g) を完全燃焼させるときのエンタルピー変化量を，それぞれ $-393.5\,\mathrm{kJ\,mol^{-1}}$, $-285.8\,\mathrm{kJ\,mol^{-1}}$, $-890.4\,\mathrm{kJ\,mol^{-1}}$ とする．メタンを炭素と水素から生成するときのエンタルピー変化量を求めてみよう．

問題 3 窒素や酸素の定圧モル熱容量はおよそ $(7/2)R$ である．どうして，そのようになるのかを考えてみよう．また，メタンの定圧モル熱容量は窒素や酸素の定圧モル熱容量よりも大きい．その理由を考えてみよう．

10
誰も束縛されたくはない
熱力学第二法則

> 熱力学には,熱力学第一法則のほかに熱力学第二法則という法則がある.この第二法則は,熱エネルギーを仕事エネルギーに変える効率についての議論から生まれた法則であり,自然科学のさまざまな分野で重要な役割を果たしている.この法則に出てくる概念がエントロピーである.ここでは,エントロピーを分子の状態数として理解し,化学変化の方向について解釈する.また,エントロピーを考慮したエネルギーとして,自由エネルギーを導入する.

10・1 気体は自然に混ざる

　同じ体積,同じ圧力,同じ温度の窒素と酸素を用意しよう(図10・1).もしも,壁をなくすと,窒素と酸素は自然に混ざり合う.そして,ひとたび混ざった窒素と酸素は,いくら待っていても,もとの状態には戻らない.この場合,全体の体積も圧力も温度も変わらない.したがって,全体の内部エネルギーもエンタルピーも変わらない.もちろん,外から熱を与えることも,仕事をすることもしていない.それにもかかわらず,ひとたび混ざった窒素と酸素は,もとの状態には戻らない.どうやら,体積,圧力,温度のほかに,状態を決める

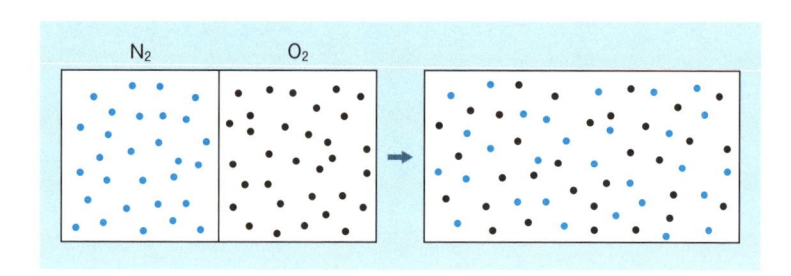

図 10・1　気体の混合

もう一つの変数を考える必要があるようである．

窒素と酸素が自然に混ざり合った原因は，確率の問題と関係がある．簡単のために，左の容器に窒素の分子が4個，右の容器に酸素の分子が4個入っているとしよう．この状態は1種類しかないので，状態数を1と数えることにする（図10・2(a)）．つぎに，2個の窒素分子と2個の酸素分子が入れかわったとしよう．このときには，それぞれの分子の位置によって，いろいろな状態がある．図10・2(b)に示すように，ていねいに数えれば，36通りの組合わせがある．状態数は入れかわる前よりも増えたと解釈できる．窒素分子と酸素分子が左右の容器に別々に存在するよりも，両方の容器に2個の窒素分子と2個の酸素分子が混ざっていた方が状態数が多い．分子の全体の運動エネルギーは状態の種類によって変わらないので，どのような状態になる確率も同じである．分子は自由に場所を選べるから，結局，窒素と酸素は"別々の状態"で存在するよりも，状態数の多い"混ざった状態"で存在する確率が多くなる．時間的平均で見れば，ほとんどの時間，窒素と酸素は混ざった状態で存在している．

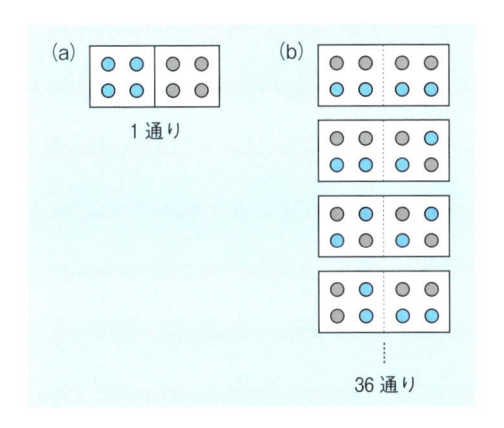

図 10・2　状態数の違い

10・2　状態数とエントロピー

全体の内部エネルギーが変わらなくても，"状態数の少ない状態"から"状態数の多い状態"へ変化が起こることを理解した．ここで，もう一度，第7章で学んだボルツマン分布則について考えてみよう．ボルツマン分布則によれ

ば，E というエネルギーの値をもつ分子の数（N_1）と，これよりも ΔE だけエネルギーの高い値をもつ分子の数（N_2）との比は，

$$\frac{N_2}{N_1} = \exp\left(-\frac{\Delta E}{kT}\right) \qquad (10 \cdot 1)$$

で表された．この場合には，それぞれの状態数は同じであると仮定されていた（図 10・3(a)）．もしも，状態数が異なる場合には，ボルツマン分布則はどうなるだろうか．たとえば，上の状態数が下の状態数の 3 倍あるとしよう（図 10・3(b)）．この場合には，状態数が同じ場合（図 10・3(a)）に比べて，上の状態になっている分子の確率が 3 倍に増える．したがって，下の状態数を W_1，上の状態数を W_2 とすれば，ボルツマン分布則は，一般に，

$$\frac{N_2}{N_1} = \frac{W_2}{W_1}\exp\left(-\frac{\Delta E}{kT}\right) \qquad (10 \cdot 2)$$

と書ける（状態数 W は仕事エネルギーではない）．

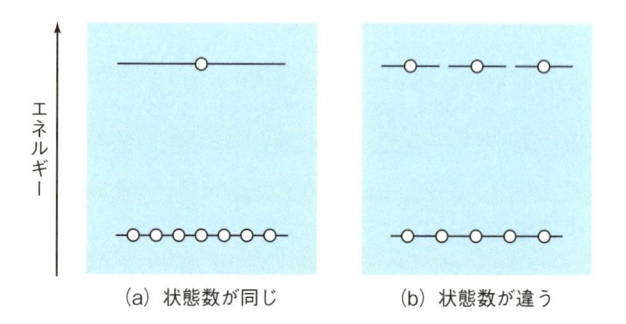

図 10・3　状態数とボルツマン分布

(a) 状態数が同じ　　(b) 状態数が違う

もしも，化学変化の前後で，体積も，圧力も，状態数も一定であるならば，ΔE のところに内部エネルギー変化量（ΔU）を代入すればよい．もう少し一般的に，化学変化の前後で体積が変化することを考えるならば，エンタルピー変化量（ΔH）を代入すればよい．

$$\frac{N_2}{N_1} = \frac{W_2}{W_1}\exp\left(-\frac{\Delta H}{kT}\right) \qquad (10 \cdot 3)$$

いずれにしても，状態数（W）が多いほど，分子の数が増えると考えられる．

10・2 状態数とエントロピー

(10・3)式の両辺の自然対数をとって整理すると，

$$-kT \ln\left(\frac{N_2}{N_1}\right) = \Delta H - kT \ln\left(\frac{W_2}{W_1}\right) \quad (10・4)$$

となる．ここで，状態数の自然対数をとった関数に，ボルツマン定数 (k) をかけた物理量を S と定義する．

$$S = k \ln(W) \quad (10・5)$$

S は**エントロピー**とよばれる．エントロピーとは，ギリシャ語で"方向を与える"という意味である．状態数 (W) が多ければ多いほど，エントロピー (S) も増大する．このエントロピーが，体積，圧力，温度とともに，状態を決める第四の変数である．

エントロピーを用いれば，(10・4)式は，

$$-kT \ln\left(\frac{N_2}{N_1}\right) = \Delta H - T\Delta S \quad (10・6)$$

となる．あるいは，ふたたび，指数関数の形に戻せば，化学変化の前後の分子の数の比はつぎのようになる．

$$\frac{N_2}{N_1} = \exp\left(-\frac{\Delta H - T\Delta S}{kT}\right) \quad (10・7)$$

この式と (10・3)式との違いは，状態数が同じであるか ($\Delta S=0$)，異なるか ($\Delta S \neq 0$) の違いである．

実をいうと，エントロピーにはもう一つの定義がある．それは，第9章で説明した熱力学第一法則から導く方法である．もう一度，(9・4)式にもどって，考えてみよう．

$$Q = \Delta U + P\Delta V \quad (10・8)$$

内部エネルギーは，モル熱容量と温度差の積 ((9・12)式) であるから，

$$Q = C\Delta T + P\Delta V \quad (10・9)$$

となる．もしも，理想気体であれば，気体の状態方程式 ($PV=RT$) を (10・9) 式に代入して，

$$Q = C\Delta T + \frac{RT}{V}\Delta V \quad (10・10)$$

となる．そして，両辺を温度 T で割り，微小変化（微分形）を考えると，

$$\frac{\delta Q}{T} = \frac{C}{T}dT + \frac{R}{V}dV \quad (10 \cdot 11)$$

となる（熱エネルギー Q は状態を表す変数ではないので，微小量を δ で表した）．右辺に注目してみよう．dT の係数（C/T）は体積 V を含んでいない．また，dV の係数（R/V）は温度 T を含んでいない．このようなときに，数学では，右辺の関数のことを"完全微分の形"と表現する．完全微分の場合には，温度や体積などの変数を指定すると，その値は必ず一つの状態に決まるという特徴がある．つまり，(10・11)式の右辺の関数は，内部エネルギーやエンタルピーと同じように，"状態関数"であることを意味している．(10・11)式の右辺で示された状態関数のことを，実は，エントロピーと定義するのである．

$$dS = \frac{C}{T}dT + \frac{R}{V}dV \quad (10 \cdot 12)$$

(10・11)式からわかるように，エントロピーは熱エネルギー Q を温度 T で割った値と考えてもよい．

もしも，モル熱容量が温度に依存することなく一定の値をとり，体積が変化しない（$\Delta V=0$）場合には，(10・12)式を積分すると，エントロピーは，

$$S = C\ln(T) \quad (10 \cdot 13)$$

となる．また，温度が一定（$\Delta T=0$）の場合には，エントロピーは，

$$S = R\ln(V) \quad (10 \cdot 14)$$

となる．詳しい説明は省略するが，状態数の概念から導かれたエントロピー（(10・5)式）と同じ物理量である．

10・3　エントロピーは増大する

自然界では，エントロピーはどのように変化するのだろうか．もう一度，始めに述べた窒素と酸素が混ざるときの問題に戻ってみよう．この場合には，外界との熱エネルギーのやりとりもなければ，仕事エネルギーのやりとりもない．また，反応が起こって熱エネルギーを吸収したり放出したりすることもない．したがって，エンタルピー変化量（ΔH）はゼロと考えることができる．それでも，窒素と酸素は自然に互いに混ざり合った．その原因はエントロピー変化量にあると考えることができる．すでに述べたように，エントロピーは状態数

10・3 エントロピーは増大する

に関係している．状態数が増えれば増えるほど，エントロピーも増大する．結局，自然界では，体積，圧力，温度が変化しなくても，エントロピーが増大する方向に変化が進むと考えられる．このように，ある方向にのみ変化する過程を"不可逆過程"という．言いかえれば，エントロピーの変化が負になる方向には変化しない．式で表せば，

$$\Delta S \geq 0 \qquad (10・15)$$

となる．なお，不可逆過程に対して，逆の変化も起こる過程を"可逆過程"という．

もう一つの例をあげよう．同じ物質量の高温の鉄板（500 K）と低温の鉄板（300 K）を用意して，接触させる（図 10・4）．この場合には，温度の高い鉄板から温度の低い鉄板へと熱エネルギーが自然に移動する．これは第 8 章で述べた熱エネルギーの"伝導"である．そして，両方の鉄板の温度は等しくなり，いくら時間が経っても，もとの状態に戻ることはない．言いかえれば，「外界から熱エネルギーを与えることがなく，かつ，仕事をすることがなければ，低温の物質から高温の物質に熱エネルギーを移すことは不可能である」．これを**クラウジウスの原理**といい，**熱力学第二法則**の一つの表現である．

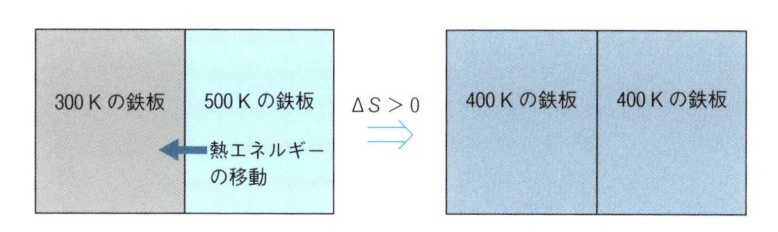

図 10・4 物質の熱エネルギーの移動

このときのエントロピー変化量（ΔS）を実際に計算してみよう．もしも，熱容量 C が温度によらずに一定であるならば，温度が T_1 から T_2 に変化したときのエントロピー変化量は，(10・13)式で計算できて，

$$\Delta S = C\ln(T_2) - C\ln(T_1) = C\ln\left(\frac{T_2}{T_1}\right) \qquad (10・16)$$

となる．したがって，始めに 300 K であった鉄板のエントロピー変化量と，始

めに 500 K であった鉄板のエントロピー変化量を合計すれば,

$$\Delta S = C\ln\left(\frac{400}{300}\right) + C\ln\left(\frac{400}{500}\right) = C\ln\left(\frac{400\times 400}{300\times 500}\right)$$

$$= C\ln(1.066666\cdots\cdots)$$

となり,エントロピー変化量は確かに増大する.高温の鉄板の温度と低温の鉄板の温度が,どのような値であっても,自然対数のかっこの中の数字は1以上になり,エントロピー変化量は必ず増大する.

　自然界のすべてのものは,エネルギーを与えない限り,エントロピーが減少する方向には変化しない.「宇宙のエネルギーは保存されるけれども,宇宙のエントロピーは増大する」という有名な言葉がある.前者は熱力学第一法則を表し,後者は熱力学第二法則を表したものである.熱力学には,実は,第三法則とよばれるものがある.熱力学第二法則は,エントロピー変化量について考えたものであるが,**熱力学第三法則**は,エントロピーの絶対量に関するものである.すなわち「絶対零度における完全結晶性純物質のエントロピーはゼロである」というものである.つまり,完全結晶はすべての原子が規則正しく配列していて,その状態数が一通りしかないという考え方である.状態数が一通りであれば,(10・5)式からわかるように,その自然対数をとったエントロピーの値は,当然ながら,ゼロとなる.ゼロがあらゆる物質のエントロピーの最小値であり,基準値である.しいて言えば,「宇宙が誕生したときのエントロピーはゼロであった」となる.

10・4　熱力学的エネルギー

　化学変化が起こるときには,エンタルピーだけでなく,エントロピーも変化することを理解した.たとえば,水分子が2個集まって,水素結合する場合を考えてみよう.2個の分子が水素結合したものを**二量体**ともいう.すでに第9章で述べたように,二量体の水素結合エネルギーは内部エネルギーと考えられるので,水素結合をしているかしていないかによって,エンタルピーが明らかに異なる.また,独立に運動できる自由な状態と,常に一緒に運動しなければならない状態とでは,状態数が異なるので,エントロピーも明らかに異なる.水分子がたくさんあるときには,どのくらいの分子が二量体になっているのだ

ろうか．この場合には，エンタルピーだけではなく，エントロピーも考慮したボルツマン分布則（(10・7)式）を考えなければならない．そのためには，つぎのような物理量を定義すると便利である．

$$G = H - TS \tag{10・17}$$

G は**ギブズの自由エネルギー**とよばれる関数である．エンタルピー（内部エネルギーと仕事エネルギーの和）に，さらに，エントロピーの寄与までも考慮したときのエネルギーともいえる（表10・1）．

表 10・1 熱力学的エネルギー

記号	名称	定義	意味
U	内部エネルギー	$\frac{3}{2}kT + \cdots$	運動エネルギーなど
H	エンタルピー	$U + PV$	体積変化も考慮
A	ヘルムホルツの自由エネルギー	$U - TS$	状態数の違いも考慮
G	ギブズの自由エネルギー	$H - TS$	体積変化も状態数の違いも考慮

自由エネルギーの変化量は，微分の公式を使えば，

$$\Delta G = \Delta H - T\Delta S - S\Delta T \tag{10・18}$$

となる．ここで，温度一定（$\Delta T=0$）という条件があるのならば，

$$\Delta G = \Delta H - T\Delta S \tag{10・19}$$

となる．このときのボルツマンの分布則は，(10・7)式より，

$$\frac{N_2}{N_1} = \exp\left(-\frac{\Delta G}{kT}\right) \tag{10・20}$$

となる．(10・20)式が，内部エネルギーだけでなく，仕事エネルギーもエントロピーも考慮した最も一般的なボルツマン分布則である（ΔG が1モルあたりのエネルギーで与えられているときには，ボルツマン定数 k を気体定数 R におきかえればよい（第7章参照））．なお，内部エネルギーにエントロピーの寄与まで考慮したエネルギーを，**ヘルムホルツの自由エネルギー**とよぶ（表10・1）．体積が一定のときに用いられる自由エネルギーである．たとえば，ビーカーの中での化学反応は，大気圧下（圧力一定の条件下）で体積変化を伴うの

で，ギブズの自由エネルギー変化量 ΔG を考えればよい．一方，密閉容器での化学反応は，圧力が変わっても体積変化がないので，ヘルムホルツの自由エネルギー変化量 ΔA を考えればよい．

10・5　電池と自由エネルギー

　化学反応が起こるときには，自由エネルギーが変化することを理解した．自由エネルギーの高い状態から低い状態に変化するときに，その差に相当するエネルギーが外界に放出される．エネルギーは熱として放出されることもあるし，体積変化によって仕事エネルギーとなることもある．特別な場合として，電気エネルギーとなることもある．それが**化学電池**である．

　古くから化学電池として知られている"ダニエル電池"の例を図 10・5 に示す．硫酸亜鉛水溶液の中には亜鉛板を入れ，硫酸銅水溶液の中には銅板を入れる．そして，液体は通さないが，イオンは通す"素焼き板"で，二つの溶液を仕切る．亜鉛板と銅板を導線でつなぐとどうなるだろうか．硫酸亜鉛水溶液では，亜鉛板の表面で，つぎのような反応が起こる．

$$Zn \longrightarrow Zn^{2+} + 2e^{-}$$

すなわち，金属の亜鉛が硫酸亜鉛水溶液の中に溶け出す．そのとき，金属のま

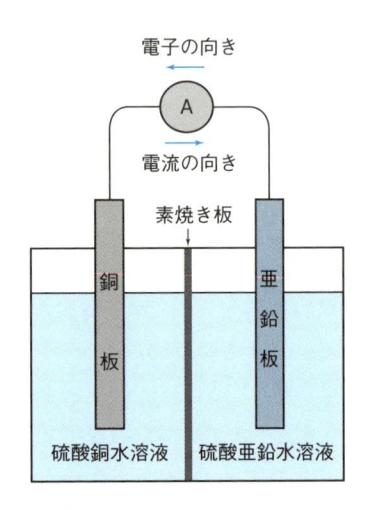

図 10・5　ダニエル電池

10・5 電池と自由エネルギー

までは溶けないので，電子を2個放出して，正のイオンになって溶け出す．2個の電子は導線を伝わって反対の銅板に到達する．つまり，電流が流れる．

一方，硫酸銅水溶液の銅板の表面では，つぎのような反応が起こる．

$$Cu^{2+} + 2e^- \longrightarrow Cu$$

導線を伝わってきた電子が，硫酸銅水溶液の中の銅イオンと結合して，金属の銅ができる．結局，両方の反応をまとめると，

$$Zn + Cu^{2+} \longrightarrow Zn^{2+} + Cu$$

となる．この反応が起こるときに，左辺の状態の自由エネルギーの方が右辺の状態の自由エネルギーよりも高い．その自由エネルギーの差を化学電池の電気エネルギーとして取出すことができる（図10・6）．

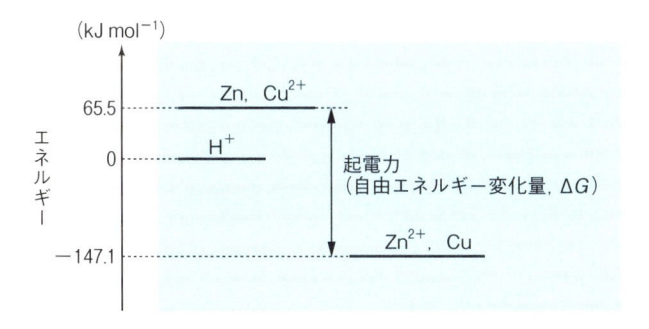

図 10・6 自由エネルギーと起電力

金属が水溶液中でイオンになるときの自由エネルギー変化量を表10・2に示す．自由エネルギー変化量を価数で割ると，イオンになる容易さ，すなわち，**イオン化傾向**の順番になっている．そして，基準となる水素よりもイオンになりやすい金属は，自由エネルギー変化量が負の値に，逆に，水素よりもイオンになりにくい金属は，自由エネルギー変化量が正の値になっている．

起電力（E）は，正極と負極の金属のイオン化の自由エネルギー変化量の差（ΔG）から，**ファラデー定数**（$F \approx 9.65 \times 10^4 \, \mathrm{C \, mol^{-1}}$）を使って，つぎの式から求めることができる．

表 10・2 おもな金属元素のイオン化の自由エネルギー変化量（水溶液中）

金属イオン	自由エネルギー変化量 ΔG(kJ mol^{-1})	金属イオン	自由エネルギー変化量 ΔG(kJ mol^{-1})
K^+	-283.3	Sn^{2+}	-27.2
Ca^{2+}	-553.6	Pb^{2+}	-24.3
Na^+	-261.9	H^+	0
Mg^{2+}	-454.8	Cu^{2+}	65.5
Al^{3+}	-485.0	Hg^{2+}	153.8
Zn^{2+}	-147.1	Ag^+	77.1
Fe^{2+}	-78.9	Pt^{2+}	254.8
Ni^{2+}	-45.6	Au^{3+}	443.0

$$E = -\frac{\Delta G}{\nu F} \quad (10\cdot 21)$$

ここで，ν は移動する電子の数（価数）である．ダニエル電池の場合には，亜鉛と銅を使っているので，ν は 2 であり，

$$E = -\frac{(-147.1 - 65.5) \times 10^3}{2 \times 9.65 \times 10^4} = 1.10$$

と計算できる．つまり，ダニエル電池の起電力は 1.10 V である．

問題 1 ボールの落下や天体の動きを説明するニュートン力学では，エントロピーという概念を必要としない．その理由を考えてみよう．

問題 2 買ったばかりのトランプは，マークごとにエースからキングまできれいに並んでいる．トランプをひとたび切り始めると，もとの状態には戻らない．エントロピーが増大したからである．身近なもので，エントロピーが増大する現象を探してみよう．

問題 3 普通の鉄片を塩酸に入れると，水素が発生する．その理由を考えてみよう．また，純度が 99.9998 % の鉄片を塩酸に入れると，変化が見られない．その理由を考えてみよう（ヒント：第 6 章の結晶構造を参照）．

11
永遠なる地球の水の循環
相 平 衡 論

> 物質には，さまざまな状態がある．気体のほかに，液体や固体の状態がある．同じ固体の状態でも，物理的性質や化学的性質の異なる状態もある．このような状態をまとめて相という．物質の体積，圧力，温度の条件を適当に選ぶと，一つの相のみが存在することもあるし，二つ以上の相が共存することもある．共存した状態を相平衡という．ここでは，相平衡の概念について，エンタルピー，エントロピー，そして，自由エネルギーを使って理解する．

11・1 水は循環する

　地球は水の惑星ともいわれる．地球表面の3分の2は海洋で覆われている．海の水は太陽に照らされて水蒸気となり，水蒸気は上空で冷やされて雲となる．雲は陸地に移動して雨となり，雨水は川を流れて海洋に出る．このように，液体の水は気体になったり固体になったりしながら，地球上で絶えず循環している．水と同様に，ほとんどすべての物質には，気体，液体，固体の三つの状態がある．気体，液体，固体の状態をあわせて**物質の三態**ともいう．同じ物質であるにもかかわらず，このように状態が異なるときに相といったりする．"気相"とか"液相"とか"固相"といったりすることもある．したがって，海の水が水蒸気になったり，水蒸気が雲になったり，雲が雨になったりする現象は，すべて水の**相変化**（**相転移**ともいう）である．

　一般に，液体が気体になることは**気化**あるいは**蒸発**という（図11・1）．逆に，気体が液体になることは**液化**あるいは**凝縮**という．また，水が凍って氷になるように，液体が固体になることは**凝固**であり，逆に，氷が融けて水になるように，固体が液体になることは**融解**である．固体がいきなり気体になることもある．これは**昇華**，あるいは液体が気体になるときと同じように**気化**ということ

もある．気体がいきなり固体になるときにも**昇華**という．あるいは**凝結**ということもある．ケーキやアイスクリームを冷やすためにもらったドライアイス（二酸化炭素の固体）が，液体にならずにいきなり気体になる現象は，身近でよく経験する昇華である．

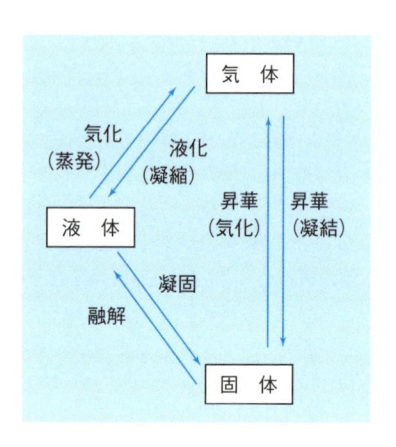

図 11・1　物質の相変化

第6章で説明した水素結合を考慮して，水の三態を分子レベルで模式的に描くと，図 11・2 のようになる．第9章では，水が蒸発して水蒸気になるときのエンタルピー変化について，詳しく考察した．ここでは，エンタルピーにエントロピーを考慮した自由エネルギーについて，詳しく考察してみよう．

第10章で述べたように，温度が一定で，圧力も一定という条件下では，物質の状態が変化するときの全体の自由エネルギー変化量は，

$$\Delta G = \Delta H - T\Delta S \tag{11・1}$$

で表される．100℃（373.15 K）の温度で，液体の水が気体の水蒸気に変化する場合を考えてみよう．すでに述べたように，水が液体から気体になるためには，分子と分子との間の水素結合を切るためのエネルギーが必要である．このとき必要とする熱エネルギーがエンタルピー（ΔH）であり，蒸発熱ともよばれた（第9章参照）．エンタルピーだけを比較すれば，液体の水よりも気体の水蒸気の方が ΔH だけ大きい（図 11・2）．したがって，もしも，エンタルピーのみを考えれば，自由エネルギーが高くなってしまうので，液体の水は気体の

11・1 水は循環する

$\Delta H > 0$
$T\Delta S > 0$

$\Delta H < 0$
$T\Delta S < 0$

$\Delta H > 0$
$T\Delta S > 0$

$\Delta H < 0$
$T\Delta S < 0$

水蒸気（気体）

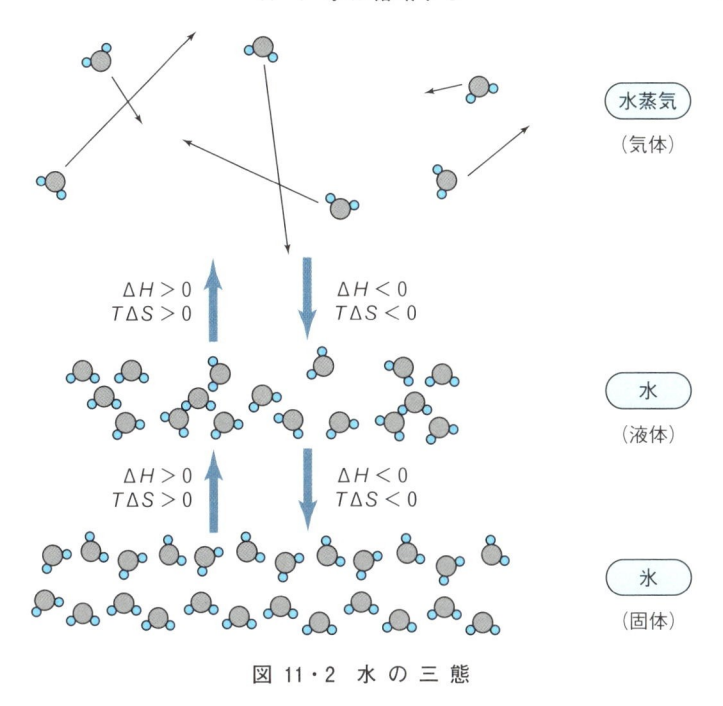

水（液体）

氷（固体）

図 11・2 水 の 三 態

　水蒸気にはなろうとしない．むしろ，逆に，気体の水蒸気が液体の水になろうとする．物質は常に自由エネルギーの低い方が安定だからである．
　しかし，現実には，自由エネルギーはエントロピーにも関係する．第9章では，エントロピーは状態の数であると解釈した．言いかえれば，分子が自由に動くことのできる空間が大きければ大きいほど，その状態の数は多いので，エントロピーも大きいと解釈できる．液体の水は，水素結合のために，あるいは，体積が小さいために，狭い空間でしか自由に動き回ることはできない．一方，気体の水蒸気は，ばらばらに自由に運動することもできるし，動き回ることのできる空間も広い．したがって，液体の水よりも気体の水蒸気の方が，エントロピーは大きいと考えられる．つまり，液体の水が気体の水蒸気に変化するときには，エントロピーは増加する（$\Delta S > 0$）．そうすると，（11・1）式の第二項（$T\Delta S$）は，液体から気体に変化するときには大きくなる．もしも，エントロピーのみを考えれば，自由エネルギーは低くなるので，液体の水は気体の水蒸気に

なろうとする．これはエンタルピーの変化のみを考えたときの結果とは反対の結果である．逆に，気体から液体に変化するときには第二項は負になり，自由エネルギーは高くなるので，気体の水蒸気は液体の水にはなろうとしない．実際には，自由エネルギーの変化量（ΔG）は第一項（ΔH）と第二項（$T\Delta S$）の差で決まる．

11・2　相平衡と自由エネルギー

水が沸点で蒸発しているときには，自由エネルギー（ΔG）の第一項（ΔH）と第二項（$T\Delta S$）のどちらの寄与が大きいのだろうか．答えは簡単である．実は，第一項と第二項の寄与は等しい．すなわち，液体の水の自由エネルギーと気体の水蒸気の自由エネルギーには差はない．その理由はつぎの通りである．水の沸点では，常に，一部の液体の水は気体の水蒸気になり，また，一部の水蒸気は液体の水になっている．このように，二つの相が共存している状態を**相平衡**とよぶ．そして，どちらの相からも，もう一つの相に自由に変化することができるのであるから，自由エネルギーに差があってはならない．

一般に，物質のエントロピーを実験で求めることは難しい．しかし，相平衡にあるときには，つぎのようにして，エンタルピー変化量からエントロピー変化量を求めることができる．すでに述べたように，相平衡では自由エネルギー変化量（ΔG）はゼロであるから，

$$\Delta G = \Delta H - T\Delta S = 0 \tag{11・2}$$

となる．したがって，

$$\Delta S = \frac{\Delta H}{T} \tag{11・3}$$

となる．つまり，液体の水が蒸発して，気体の水蒸気になるときのエントロピー変化量は，蒸発熱（ΔH）を沸点（373.15 K）で割ればよい．

氷が融けて水になっているときも同様である．氷が融けるためには熱エネルギー（融解熱）が必要であり，エンタルピー変化量（ΔH）の符号は正である．また，氷は結晶であり，水分子が規則正しく並んでいて（図 11・2），状態数は少なく，氷のエントロピーの方が水のエントロピーよりも小さいと考えられる．つまり，氷が融けて水になるときのエントロピー変化量（ΔS）は正である．

そして，融点では，氷と水の二つの相が共存するので，自由エネルギーには差がない．固体の氷が融けて液体の水になるときのエントロピー変化量は，融解熱（ΔH）を融点（273.15 K）で割ればよい．

11・3 水の蒸気圧曲線

真空にした密閉容器の中に充分な量の水を入れ，1気圧，沸点の温度で水と水蒸気が平衡になっているとしよう（この場合，密閉容器でも，水と水蒸気で体積変化があるので，ヘルムホルツの自由エネルギー A ではなく，ギブズの自由エネルギー G で考える）．もしも，わずかながら沸点よりも高い温度にしてみると，どうなるだろうか．水が水蒸気になるときのエンタルピー変化量もエントロピー変化量も，わずかな温度範囲では一定であると仮定するならば，水から水蒸気への自由エネルギー変化量は負になる（図11・3(a)）．その理由

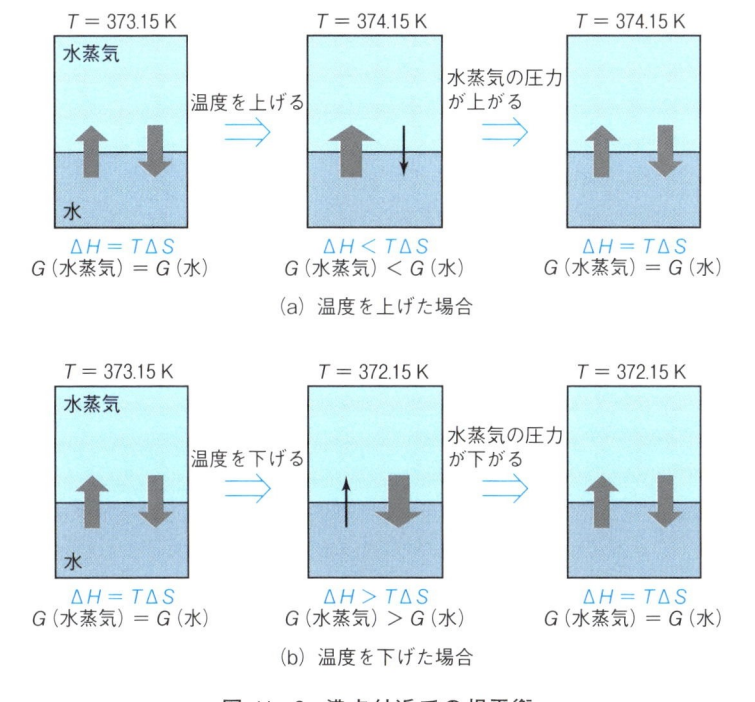

(a) 温度を上げた場合

(b) 温度を下げた場合

図 11・3 沸点付近での相平衡

は，第二項（$T\Delta S$）が温度に比例していて，沸点のときに比べて第二項の寄与が大きくなるからである．したがって，水は水蒸気になろうとする．このとき，圧力は1気圧よりも大きくなる．そして，ある程度の量の水が水蒸気に変化して，それぞれの状態の物質量が変化し，その温度でのエンタルピーの寄与（ΔH）とエントロピーの寄与（$T\Delta S$）がふたたび同じになると，やはり，相平衡の状態となる．

逆に，わずかながら沸点よりも低い温度にしてみよう．今度は，第二項（$T\Delta S$）の寄与が小さくなり，自由エネルギー変化量は正になる．したがって，液体の水は気体の水蒸気にはなろうとせずに，逆に，気体の水蒸気が液体の水になろうとする（図 11・3(b)）．その結果，水蒸気の圧力は1気圧の圧力から少し減少する．そして，ある程度の量の水蒸気が水に変化すると，その温度でのエンタルピーの寄与とエントロピーの寄与がふたたび同じになり，相平衡の状態となる．密閉した容器の中の水と水蒸気は，温度を変化させたときには，それぞれの状態の物質量が変化したのちに，やはり，自由エネルギー変化量はゼロとなり，相平衡が成り立つ．つまり，平衡状態での水蒸気の圧力は温度に依存する．その温度での水蒸気の圧力を"**蒸気圧**"とよぶ．

横軸に温度をとり，縦軸に蒸気圧をとったものを**蒸気圧曲線**とよぶ（図 11・4）．詳しいことは省略するけれども，蒸気圧曲線の傾き（dP/dT）を熱力学的に求めると，つぎのようになる．

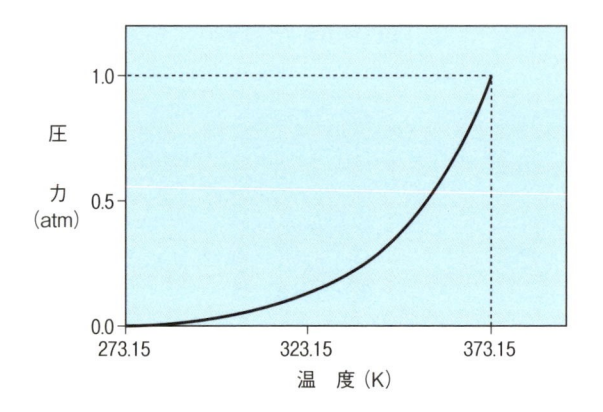

図 11・4 水の蒸気圧曲線

$$\frac{dP}{dT} = \frac{\Delta H}{T\Delta V} \tag{11・4}$$

これは**クラペイロン**（B. P. E. Clapeyron）**の式**とよばれ，相平衡の状態で温度を 1 K 変えると，圧力がどのくらい変化するかを表している．この式からわかるように，圧力の変化はエンタルピー（蒸発熱）に比例し，温度と体積変化（ΔV）に反比例する．たとえば，液体の水と気体の水蒸気が相平衡の状態にあるときに，蒸発熱も温度も体積変化も符号が正であるので，傾きも常に正になる．したがって，温度が上昇すれば蒸気圧も増加する．

しかし，クラペイロンの式は沸点や凝固点付近では成り立つけれども，蒸気圧曲線全体の広い温度範囲では成り立たない．そこで，クラウジウス（R. J. E. Clausius）は理想気体の状態方程式（$PV = RT$）を使って，つぎの式を導いた．

$$\frac{dP}{dT} = P\frac{\Delta H}{RT^2} \tag{11・5}$$

これを**クラウジウス-クラペイロンの式**という．温度の 2 乗に反比例しているので，温度が下がると，蒸気圧曲線の傾きは大きくなるように思うかもしれないが，蒸気圧に比例するので，蒸気圧が小さくなるにつれて傾きも小さくなる．

11・4 水の状態図

融点（273.15 K）と沸点（373.15 K）の間では，温度とともに蒸気圧がどのように変化するかについては理解した．それ以外の温度ではどうなるのだろうか．あるいは，温度を一定にしたままで，強制的に蒸気圧以上の圧力をかけたり，圧力を一定にしたまま強制的に温度を上げたりした場合には，水の状態はどうなるだろうか．圧力や温度を変えたときに，水がどのような状態になるかを描いた図を**状態図**あるいは**相図**とよぶ．普通は，縦軸に圧力をとり，横軸に温度をとる．そして，相の状態を気体，液体，固体などの言葉で書き込む．

図 11・5 は水の状態図（相図）である．この図の曲線で示された温度と圧力の条件では，ちょうど隣り合っている二つの相が平衡となる．たとえば，A 点から B 点を通る曲線が蒸気圧曲線を表す．蒸気圧曲線上の温度と圧力の条件では水と水蒸気が共存し，相平衡となる．B 点の温度は 100 ℃（373.15 K）であり，"沸点"を表す．沸点での蒸気圧は，もちろん，1 気圧である．水と 1

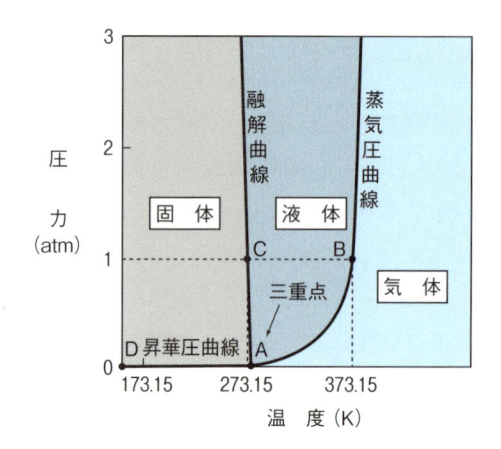

図 11・5 水の状態図

気圧の水蒸気が相平衡となる．

A点からC点を通る曲線は，固体の氷と液体の水が共存する相平衡の状態を表す．この曲線を**融解曲線**という．融解曲線の傾きは，蒸気圧曲線の傾きと同様に，クラペイロンの式（(11・4)式）から理解することができる．固体の氷が融けて液体の水に変化するときに，融解熱（ΔH）は正である．一方，同じ質量の氷の体積と水の体積を比べると，氷の体積の方が大きいので，体積変化（ΔV）は負である．したがって，融解曲線の傾きは負となる．蒸気圧曲線とは逆に，右下がりの曲線であることがわかる．また，C点の温度は0℃（273.15 K）であり，"融点"を表す．

蒸気圧曲線と融解曲線のほかにもう一つの曲線がある．A点からD点を通る曲線である．この曲線は固体の氷と気体の水蒸気が共存する相平衡の状態を表す．固体の氷が液体の水に変化することなく，いきなり気体の水蒸気になって，固体と気体が相平衡になっている．たとえば，冷蔵庫の冷凍室内の水蒸気は冷やされて霜になる．あるいは，北海道の内陸部では，厳冬期にダイヤモンドダストが見られることもある．すでに述べたように，固体がいきなり気体になる変化を昇華というので，その相平衡を表す曲線を**昇華圧曲線**とよぶ．

A点（273.16 K，0.006気圧）は，蒸気圧曲線，融解曲線，昇華圧曲線が接続する点である．そして，当然ながら，固体の氷と液体の水と気体の水蒸気が

11・5 二酸化炭素の状態図　　　　　　　　　　　　　　　119

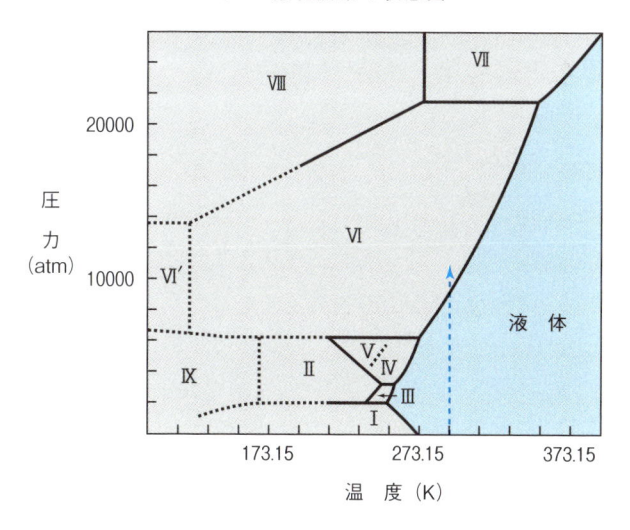

図 11・6　高圧における水および氷の状態図

共存し，三つの相がすべて平衡の状態になる．このA点を**三重点**という．三重点の温度と圧力では，すべての相の自由エネルギーは等しい．

　第6章で，低温の氷の構造と極低温の氷の構造が異なることを説明した．同じ固相であっても，構造が異なるときには，やはり，別の"相"と表現する．実をいうと，もっと圧力を高くすると，氷には10種類以上の相があることが知られている．その様子を図11・6に示す（点線は相の境界がはっきりしないところを表す）．それぞれの氷の相をローマ数字の番号で示してある．すべてが構造の異なる氷の相である．たとえば，室温でも，圧力を上げていって約8000気圧になると（破線の矢印），液体の水は氷となる．ただし，その構造はわれわれが日ごろ目にする普通の氷（相Ⅰ）ではなく，ダイヤモンドの構造に近い相Ⅵである．

11・5　二酸化炭素の状態図

　二酸化炭素にも，水と同様に，少なくとも三つの相の状態があるはずである．気体の二酸化炭素が固体になった物質が，この章の最初に述べたように，ドライアイスである．ドライアイスはわれわれの身近にあり，実際に，目で見たり，

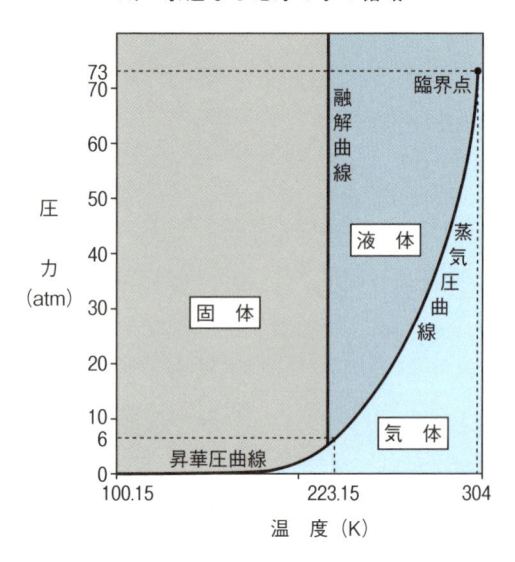

図 11・7 二酸化炭素の状態図

手で触ったりすることができる．それでは，液体の二酸化炭素というものが本当にあるのだろうか．われわれが日常生活をしている大気圧（1 気圧）では，二酸化炭素は液体の状態にはならない．しかし，少し工夫すれば，液体の二酸化炭素を簡単につくることができる．透明な肉厚のビニールチューブの中にドライアイスを入れ，じょうぶなピンチコック（ゴム管はさみ）で両端をしっかりと閉じ，しばらく放置したとする．温度が上がるにつれてドライアイスが昇華して，気体の二酸化炭素が増え，チューブの中の圧力が高くなる．やがて，チューブの中には低温の液体の二酸化炭素が現れる．高圧にすることによって二酸化炭素が液体になったのである．この様子を状態図で調べてみよう（図 11・7）．二酸化炭素は，-50℃（223.15 K）では，わずか 6 気圧の圧力で，気体と液体とが平衡になることがわかる．ビニールチューブの中の二酸化炭素は，このような条件下で液体になる．

　実は，蒸気圧曲線には終点がある．水でも二酸化炭素でも，蒸気圧曲線はある点で突然になくなる．この点のことを**臨界点**という．二酸化炭素の場合には，臨界点の温度は約 304 K，圧力は約 73 気圧である．また，水の場合には，

約 647 K,圧力は約 218 気圧である.蒸気圧曲線に沿って臨界点に近づくにつれて,液体と気体はしだいに区別がはっきりしなくなる.そして,臨界点では液体とも気体ともいえない状態になる.まさに,臨界状態である.蒸発のためのエンタルピー変化量は,臨界温度ではゼロになる.もちろん,自由エネルギー変化量もゼロであり,当然ながら,エントロピー変化量もゼロになる.

臨界点よりも高温,高圧の状態を**超臨界状態**という.固体,液体,気体に続く,物質の"第四の状態"といわれている.そして,超臨界状態の水のことを**超臨界水**という.超臨界水は,普通では溶けないようなものでも溶かすという優れた性質があり,現在,とても注目されている.たとえば,人間がつくり出して,とても健康に害があるといわれている PCB(ポリ塩化ビフェニル)も,超臨界水ならば溶けるといわれている(図 11・8).PCB はとても安定な化合物なので,なかなか処理が難しいけれども,超臨界水に溶ければ,処理も容易になる.ただし,超臨界水はステンレスの容器も溶かすので,超臨界水に溶けない容器の開発も必要である.

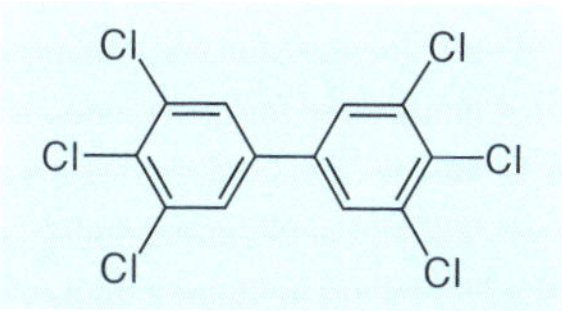

図 11・8　毒性の高い PCB(ポリ塩化ビフェニル)の例

問題 1　水が蒸発して水蒸気になるときには,エントロピーは増大する.蒸気圧曲線の傾きとエントロピーの関係を考えてみよう.また,蒸気圧曲線の傾きから,100 ℃(373.15 K)で 1 モルの水が蒸発するときのエントロピー変化量を求めてみよう.

問題 2　雨の日の水たまりの水は,翌日の晴れた日には消えてしまう.すべての水が水蒸気になってしまったからである.どうして,相平衡の状態にならないか考えてみよう.

問題 3　二酸化炭素の状態図は,水の状態図に比べて全体に圧力が高くなっている.その理由を考えてみよう.

12

1＋1は2ではない

溶 液 論

> 2種類の液体を混ぜると溶液となる．溶液の熱力学的な性質は純粋な液体の性質とは異なり，それぞれの成分をどのくらい混ぜたかというモル分率に依存する．ここでは，それぞれの成分の自由エネルギーを表す物理量として，化学ポテンシャルという概念を導入し，化学平衡の条件がどのようになるかについて考察する．また，希薄溶液で起こる凝固点降下や沸点上昇などの束一的性質について，化学ポテンシャルを使って理解する．

12・1　水とアルコールを混ぜると？

「1＋1はいくつですか」と質問すれば，普通の子供は「2」と答える．足し算の基本であり，誰も疑わない．ところが，1＋1が2でないこともある．どういうことかというと，たとえば，1リットルの体積のアルコールと1リットルの体積の水を混ぜると，その結果，体積は2リットルにはならない．数パーセントではあるけれども，体積は減少する（図12・1）．なぜかというと，すでに第6章で学んだように，水分子とアルコール分子の水素結合が，水分子どうしあるいはアルコール分子どうしの水素結合とは異なるからである．つまり，水とアルコールの混合物の密度は，純粋な水あるいは純粋なアルコールの

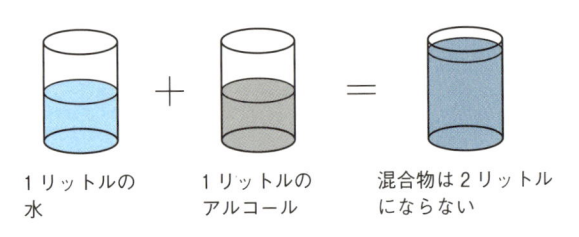

1リットルの水　＋　1リットルのアルコール　＝　混合物は2リットルにならない

図 12・1　水とアルコールを混ぜる

密度とは異なり，その結果，体積が変わる．体積がどのくらい変わるのかというと，それは水とアルコールを混ぜた割合，すなわち，**モル分率**に依存する．それぞれの成分のモル分率（x_Aまたはx_B）は，たとえば，成分Aをn_Aモル，成分Bをn_Bモル混ぜたときに，つぎのように定義される．

$$x_A = \frac{n_A}{n_A + n_B} \quad \text{および} \quad x_B = \frac{n_B}{n_A + n_B} \quad (12 \cdot 1)$$

水とアルコールのように，2種類以上の成分を含む物質が液体状態になっているときに**溶液**とよぶ．そして，$x_A > x_B$のときに，成分Aを**溶媒**，成分Bを**溶質**とよぶ．

12・2 ラウールの法則とヘンリーの法則

純粋な液体Aの蒸気圧をP_A^*，純粋な液体Bの蒸気圧をP_B^*とする．この2種類の液体を混ぜると，それぞれの成分の蒸気圧，つまり，分圧（P_AとP_B）はどのようになるのだろうか．実は，それぞれの成分のモル分率に比例し，その比例定数は純粋な液体の蒸気圧であることが知られている．式で表せば，

$$P_A = P_A^* x_A \quad \text{および} \quad P_B = P_B^* x_B \quad (12 \cdot 2)$$

となる．この法則を見つけたのはフランス人のラウール（F. M. Raoult）なので，(12・2)式を**ラウールの法則**という．そして，この法則がモル分率の全領域（$0 \leq x \leq 1$）で成り立つときに，その混合液体を**理想溶液**という．しかし，それぞれの成分の分子の大きさは違うし，分子間の相互作用も違うので，実際の溶液（**実在溶液**）は理想溶液にはならない．

例として，40 ℃（313.15 K）で，水に少しずつエタノール（C_2H_5OH）を混ぜていったときに，エタノールの蒸気圧（分圧）がどのように変化するかを調べてみよう（図12・2）．横軸にはエタノールのモル分率が示してある．エタノールのモル分率が0.0のときには溶液は純粋な水であるから，エタノールの蒸気圧はゼロである．そして，水に溶かすエタノールの量が増えて，エタノールのモル分率が増えると，エタノールの蒸気圧はしだいに増える．そして，エタノールのモル分率が1.0のとき，つまり，純粋なエタノールでは，蒸気圧は約0.18 atmとなる．もしも，(12・2)式のラウールの法則が成り立つとするならば，エタノールの蒸気圧はモル分率に対して比例の関係にあるから，図12・

2の破線で示したように,原点を通る直線になるはずである.しかし,実際には破線と一致していないので,エタノール水溶液は理想溶液ではないことがわかる.とくに,エタノールのモル分率が小さいとき,つまり,水に溶かしたエタノールの量が少なくて薄いときに,ラウールの法則からのずれが大きい.しかし,よく見てみると,エタノールのモル分率が 0.1 以下のときにも,やはり,モル分率に比例して直線になっているように見える.このように,希薄溶液で蒸気圧がモル分率に対して直線関係にあることを**ヘンリーの法則**といい,その傾きを**ヘンリー係数**という.結局,希薄溶液 ($x \to 0.0$) ではヘンリーの法則が成り立ち,濃厚溶液 ($x \to 1.0$) ではラウールの法則が成り立つ.

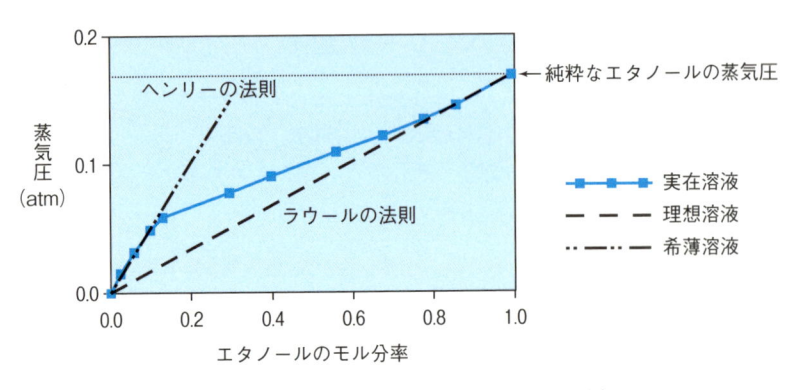

図 12・2 エタノール水溶液のエタノールの蒸気圧

純物質の相平衡については,すでに,第 11 章で説明をした.ここでは,2 成分がそれぞれ液相と気相で相平衡になっているときに,それぞれのモル分率が液相と気相でどのように変化するかを詳しく調べてみよう.

図 12・3 に示したのは,25 ℃の温度一定で,クロロホルム ($CHCl_3$) と四塩化炭素 (CCl_4) が平衡状態になっているときの様子である.これを**圧力-組成図**という.横軸にはクロロホルムのモル分率が,縦軸には全圧がとってある.曲線が二つ書いてあるけれども,上に書いてある曲線が**液相線**,下に書いてある曲線が**気相線**である.液相線よりも上の状態が液体,下の状態が気体である.同様に,気相線よりも上の状態が液体,下の状態が気体である.どうして,液相線と気相線の二つが書いてあるかというと,液相と気相でモル分率が異なる

からである．これを理解するためには，グラフを水平方向に眺めてみるとよい．たとえば，全圧が 0.2 atm であると仮定して，水平に破線を引いてみる．そうすると，まず，液相線と交わる．液相線との交点 A を下におろせば，その値が液相でのモル分率を表している．液相では約 35 % がクロロホルムであることがわかる．さらに，水平線を伸ばせば，今度は気相線と交わる．その交点 B を下におろしたときの値が気相でのモル分率である．つまり，気相では約 51 % がクロロホルム，49 % が四塩化炭素である．クロロホルム（沸点 61 ℃）のほうが四塩化炭素（沸点 77 ℃）よりも揮発性が高いので，気相線は液相線よりも右側，つまり，クロロホルムのモル分率の大きい側にある．このようにして，2 種類の液体を混ぜた溶液では，液相でのモル分率と気相でのモル分率が異なることを理解できる．

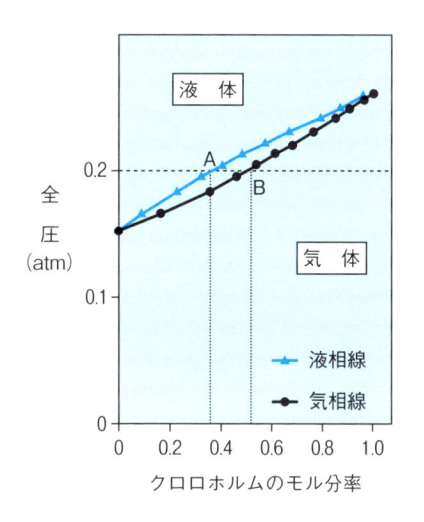

図 12・3 クロロホルム–四塩化炭素の液相線と気相線

12・3 2 成分系の自由エネルギー

第 10 章で純物質の自由エネルギーについて学んだ．自由エネルギーはエンタルピーやエントロピーに依存し，また，温度にも依存した．そして，第 11 章では，相平衡になるときに，自由エネルギーは最小の値をとり，もう，それ

以上，自由エネルギーの変化のない状態が平衡状態であることを学んだ．ここでは，2成分系の自由エネルギーおよび平衡状態について調べてみよう．

最も簡単な例として，2種類の成分AとBが化学平衡（A⇌B）になっている場合を考えてみよう．全体の自由エネルギー（G）は，成分Aの自由エネルギー（G_A）と成分Bの自由エネルギー（G_B）を加えたものになるはずである．

$$G = G_A + G_B \tag{12・3}$$

ここで，1種類の物質（純物質）の相平衡（第11章）では考える必要のなかったモル分率が重要になる．なぜならば，2成分系では，モル分率が変化すると，自由エネルギーが変わるからである．そこで，それぞれの成分の1モルあたりの自由エネルギーを**化学ポテンシャル**と定義して，μで表すことにする．そうすると，n_Aモルの成分Aの自由エネルギー（G_A）は，

$$G_A = n_A \mu_A \tag{12・4}$$

となる．成分Bについても同様である．したがって，2成分系の自由エネルギーは，

$$G = G_A + G_B = n_A \mu_A + n_B \mu_B \tag{12・5}$$

となる．ここで重要なことは，化学ポテンシャルがモル分率（x）に依存することである．詳しいことは省略するけれども，溶液中の化学ポテンシャル（μ）は，純粋な液体の化学ポテンシャル（μ^*）と，つぎのような関係がある．

$$\mu = \mu^* + RT \ln(x) \tag{12・6}$$

モル分率（x）は必ず1より小さい正の値であるから，その自然対数は必ず負の値になる．つまり，溶液での化学ポテンシャル（μ）は純粋な液体の化学ポテンシャル（μ^*）よりも必ず小さい．その原因としては，エントロピーが考えられる．成分Aと成分Bが純粋な液体として別々に存在している状態数よりも，混ざったときの状態数は増え，エントロピーが増大するので自由エネルギーは減少すると考えられる（第10章参照）．

溶液で，成分Aと成分Bが平衡状態になるための条件は，それぞれの成分の化学ポテンシャルが等しくなるという条件である（化学ポテンシャルが等しくなければ，等しくなるまで変化が起こるので，平衡状態とはいわない）．

$$\mu_A^* + RT \ln(x_A) = \mu_B^* + RT \ln(x_B) \tag{12・7}$$

この式を整理すれば，

12・3 2成分系の自由エネルギー

$$\frac{x_\text{B}}{x_\text{A}} = \exp\left(-\frac{\mu_\text{B}^* - \mu_\text{A}^*}{RT}\right) \tag{12・8}$$

となる．右辺に現れる純粋な液体の化学ポテンシャル（μ^*）は物質に固有の定数であり，R も"気体定数"という定数である．したがって，温度が一定のときには，右辺は定数となる．右辺のことを**平衡定数**とよび，記号は K で表す．また，左辺は（12・1）式から，

$$\frac{x_\text{B}}{x_\text{A}} = \frac{n_\text{B}/(n_\text{A}+n_\text{B})}{n_\text{A}/(n_\text{A}+n_\text{B})} = \frac{n_\text{B}/V}{n_\text{A}/V} \tag{12・9}$$

となることがわかる．つまり，2 成分のモル分率の比は，単位体積あたりの物質量（n/V），すなわち，**モル濃度**の比と一致する．そこで，モル濃度を [ ] で表せば，（12・8）式は，

$$\frac{[\text{B}]}{[\text{A}]} = K_c \tag{12・10}$$

となる．ここで，K の添え字の c は concentration（濃度）を表し，モル濃度を用いたときの平衡定数であることを意味する．なお，（12・9）式の分母だけを見ていると，モル分率がまるでモル濃度に等しいかのように見えるけれども，そうではない．（12・9）式は，それぞれの成分の "比" が等しいことを意味しているだけである．

すべての物質が成分 A であり，時間が経つにつれて，成分 A が成分 B に変化して，化学平衡になる場合の濃度変化を調べてみよう（図 12・4）．（12・10）

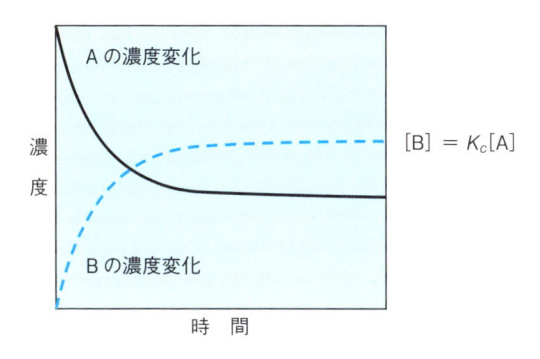

図 12・4　平衡になるまでの濃度変化

式からわかるように，成分Bのモル濃度[B]は残った成分Aのモル濃度[A]のK_c倍になったときに，化学平衡になる．ただし，化学平衡では，反応が止まっているわけではない．成分Aの一部はつぎつぎと成分Bになっているけれども，成分Bの一部もつぎつぎに成分Aになっているので，見かけ上，濃度変化がなく，反応が止まっているかのように見えるだけである．

12・4 酸解離の平衡定数

一般の化学平衡は，もう少し，複雑である．反応前の物質（反応物）が2種類以上のことが多いし，反応後の物質（生成物）も2種類以上のことが多い．さらに，1モルの物質から1モルの物質ができるとも限らない．しかし，どのような化学平衡も，つぎのような一般式で表されるはずである．

$$aA + bB + cC + \cdots \rightleftharpoons a'A' + b'B' + c'C' + \cdots \quad (12・11)$$

ここで，小文字のアルファベットは物質の量を表し，大文字のアルファベットは成分の種類を表す．実際には，左辺の物質の一部が反応して右辺の物質になり，同時に右辺の物質の一部が反応して左辺の物質になる．そして，その速度が一致するときに化学平衡となり（第13章参照），見かけ上，反応は止まって見える．このときの平衡定数は，前節で述べた方法で計算することができて，

$$\frac{[A']^{a'}[B']^{b'}[C']^{c'}\cdots}{[A]^{a}[B]^{b}[C]^{c}\cdots} = K_c \quad (12・12)$$

となる．そして，(12・12)式が成り立つことを**質量作用の法則**という．

例として，酢酸を水に溶かしたときを考えてみよう．酢酸の水溶液では，酢酸分子の一部が，つぎのように酢酸イオンと水素イオンに分かれる（H^+は水溶液中ではオキソニウムイオンになっているので，H_3O^+と表すことにする）．

$$CH_3COOH + H_2O \rightleftharpoons CH_3COO^- + H_3O^+$$

このような平衡状態に，(12・12)式の質量作用の法則をあてはめてみると，

$$\frac{[CH_3COO^-][H_3O^+]}{[CH_3COOH][H_2O]} = K_c \quad (12・13)$$

となる．もしも，希薄溶液ならば，水は酢酸に比べて大量に存在し，その濃度は変化せずに一定であると考えられる．そこで，K_cに$[H_2O]$をかけた平衡定数をあらたにK_aと定義すると，(12・13)式は，

12・4 酸解離の平衡定数

$$\frac{[\mathrm{CH_3COO^-}][\mathrm{H_3O^+}]}{[\mathrm{CH_3COOH}]} = K_\mathrm{a} \qquad (12・14)$$

となる．K の添え字の a は acid（酸）を表し，K_a は**酸の解離定数**とよばれる．同様にして，**塩基の解離定数** K_b を定義することもできる．添え字の b は base（塩基）を表す．たとえば，エチルアミンの水溶液では，

$$\mathrm{C_2H_5NH_2 + H_2O \rightleftharpoons C_2H_5NH_3^+ + OH^-}$$

$$\frac{[\mathrm{C_2H_5NH_3^+}][\mathrm{OH^-}]}{[\mathrm{C_2H_5NH_2}]} = K_\mathrm{b} \qquad (12・15)$$

となる．なお，解離定数の値は状態によって桁違いに大きく変化するので，その対数をとってマイナスの符号をつけて表すことがある．

$$\mathrm{p}K = -\log K \qquad (12・16)$$

とくに水溶液の場合には，水素イオン濃度に着目して，pH を定義し，これを**水素イオン指数**という．

$$\mathrm{pH} = -\log[\mathrm{H_3O^+}] \qquad (12・17)$$

よく知られているように，酸性ならば pH < 7 であり，中性ならば pH = 7，アルカリ性ならば pH > 7 である．マイナスの符号がついているので，pH の値が小さいほど水素イオン濃度が大きいことを意味する．

酢酸を水に溶かして，ある程度の時間が経つと平衡状態になる．そのときの濃度を測れば，解離定数を求めることができ，その値は $K_\mathrm{a} = 1.75 \times 10^{-5}$ mol dm^{-3} である（単位の dm^{-3} は $(10^{-1}\,\mathrm{m})^3$ のことであり，これは $(10\,\mathrm{cm})^{-3}$ なので，"1 リットルあたり"のことである）．この場合には，どのような量の酢酸を適当な量の水に溶かしても，反応の最終段階（平衡状態）では，解離定数の値は常に同じであり，反応が止まったかのように見える．もしも，平衡に達したときに，新たに酸などを加えて水素イオン濃度を増やすと，その成分の濃度はどのように変化するだろうか（図 12・5）．実は，解離定数の値はやはり変わらない．そうすると，(12・14)式の右辺が一定であるということだから，$[\mathrm{H_3O^+}]$ の増加に伴って $[\mathrm{CH_3COO^-}]$ が減少し，$[\mathrm{CH_3COOH}]$ が増加する．つまり，加えた水素イオンと酢酸イオンが結合して，酢酸に戻る．酢酸は $[\mathrm{H_3O^+}]$ が増加すると解離しにくくなる．

酢酸の代わりに，リン酸（$\mathrm{H_3PO_4}$）を水に溶かすとどうなるだろうか．もち

○—▲ CH₃COOH
○ CH₃COO⁻
▲ H₃O⁺

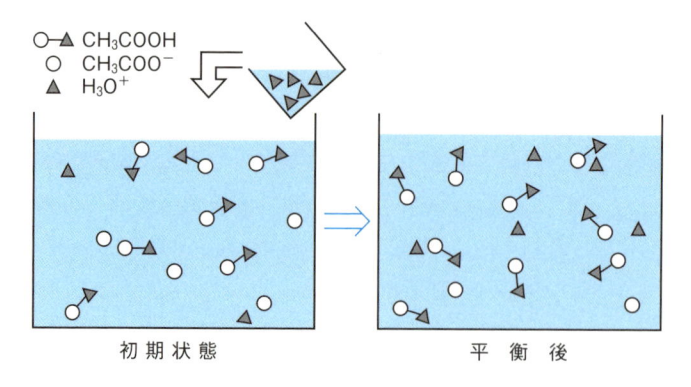

初期状態　　　　　　　平衡後

図 12・5　酢酸水溶液の化学平衡

ろん，酢酸と同じように解離して，水素イオンを出す．ただし，酢酸と異なり，3個まで水素イオンを出すことができる．それぞれの解離定数の値の大きさを比べてみるとわかるように，当然のことながら，3個の水素イオンを出した PO_4^{3-} は水溶液中にほとんど存在しない．

$$H_3PO_4 + H_2O \rightleftharpoons H_2PO_4^- + H_3O^+ \quad K_a = 7.08 \times 10^{-3} \text{ mol dm}^{-3}$$
$$H_2PO_4^- + H_2O \rightleftharpoons HPO_4^{2-} + H_3O^+ \quad K_a = 6.30 \times 10^{-8} \text{ mol dm}^{-3}$$
$$HPO_4^{2-} + H_2O \rightleftharpoons PO_4^{3-} + H_3O^+ \quad K_a = 1.17 \times 10^{-13} \text{ mol dm}^{-3}$$

12・5　凝固点降下と沸点上昇

　水は0℃で凝固して氷になり，100℃で蒸発して水蒸気となる（第11章参照）．氷で冷やしてアイスクリームをつくるときには，氷に塩を混ぜたりする．凝固点が下がって，氷は0℃よりも冷たくなるからである．あるいは，パスタをゆでるときには，沸騰したお湯に塩を混ぜたりする．沸点が上昇して，お湯は100℃よりも熱くなるからである．このように，ある液体に別の物質を混ぜたときに凝固点が下がる現象を**凝固点降下**といい，沸点が上がる現象を**沸点上昇**という．これらの現象は，本当は塩でなくても構わない．質量モル濃度（後述）が同じであるならば，どのような物質でも，同じ温度だけ下がったり上がったりする．このように，溶質の種類によらず，溶質の物質量のみに依存する溶液の性質を**束一的性質**という．

12・5 凝固点降下と沸点上昇

溶媒 A と溶質 B からなる溶液の凝固点降下について，もう少し詳しく，熱力学を使って理解してみよう．溶液の凝固点では，溶媒は固体と液体が相平衡になっていると考えられる．つまり，固体の溶媒 A の化学ポテンシャル（μ_s）と液体の溶媒 A の化学ポテンシャル（μ_l）が一致していると考えられる．(12・6)式を参考にすれば，

$$\mu_\mathrm{s} = \mu_\mathrm{l} = \mu_\mathrm{l}^* + RT \ln(x_\mathrm{A}) \tag{12・18}$$

となる．x_A は溶媒 A のモル分率である．この式を変形すれば，

$$\ln(x_\mathrm{A}) = -\left(\frac{\mu_\mathrm{l}^* - \mu_\mathrm{s}}{RT}\right) \tag{12・19}$$

が成り立つ．そして，両辺を温度 T で微分すれば，

$$\frac{\partial \ln(x_\mathrm{A})}{\partial T} = \frac{\mu_\mathrm{l}^* - \mu_\mathrm{s}}{RT^2} \tag{12・20}$$

となる．ここで，希薄溶液であることを考慮して，μ_s を純粋な固体の μ_s^* で近似すると，化学ポテンシャルの差（$\mu_\mathrm{l}^* - \mu_\mathrm{s}^*$）は，純粋な成分 A の融解エンタルピー ΔH でおきかえることができる．そして，純粋な成分 A の凝固点 T^* から溶液の凝固点 T までを積分すると，

$$\ln(x_\mathrm{A}) = \int_{T^*}^{T} \frac{\Delta H}{RT^2} \mathrm{d}T = \frac{\Delta H}{R}\left(\frac{1}{T^*} - \frac{1}{T}\right) \tag{12・21}$$

となる．さらに，希薄溶液だから，溶質のモル分率 x_B は溶媒のモル分率 x_A に比べてとても小さく，ゼロに近いとすると，(12・21)式の左辺は，

$$\ln(x_\mathrm{A}) = \ln(1 - x_\mathrm{B}) \simeq -x_\mathrm{B} \tag{12・22}$$

となる．結局，(12・21)式は，

$$x_\mathrm{B} = \frac{\Delta H}{R}\left(\frac{T^* - T}{TT^*}\right) \tag{12・23}$$

となる．この式で，溶質のモル分率を表す x_B は正の値である．また，ΔH は融解エンタルピーであり，やはり，正の値である．したがって，$T^* > T$ であり，溶質が溶けると，凝固点 T は純粋の溶媒の凝固点 T^* よりも下がることがわかる．

凝固点降下 $\Delta T_\mathrm{f}(= T^* - T)$ は，モル分率の代わりに**質量モル濃度**（m）で表されることが多い．質量モル濃度というのは，溶媒 1 kg あたりの溶質のモル数のことである．比例定数をまとめて K_f（**凝固点降下定数**）とおくと，

$$\Delta T_\text{f} = K_\text{f} m \tag{12·24}$$

となる．まったく，同様にして，沸点上昇の式を導くことができる．沸点上昇も質量モル濃度に比例するので，比例定数を K_b（**沸点上昇定数**）とおくと，

$$\Delta T_\text{b} = K_\text{b} m \tag{12·25}$$

となる．さまざまな溶媒の凝固点降下定数と沸点上昇定数を表 12・1 にまとめた．すでに述べたように，凝固点降下や沸点上昇は溶質の種類に依存せず，溶質の質量モル濃度にのみ依存する．たとえば，1 kg の水に少量のタンパク質を溶かして，凝固点が 1.853 ℃ 下がれば，溶かした質量がそのタンパク質の分子量となる．溶液の束一的性質は，未知物質の分子量を決定するための便利な分析法として使われている．

表 12・1 代表的な物質の凝固点降下定数と沸点上昇定数
（溶媒 1 kg に溶質 1 mol を溶かしたときの値）

	純溶媒の凝固点(℃)	凝固点降下定数	純溶媒の沸点(℃)	沸点上昇定数
水	0	1.853	100	0.515
アセトン	−94.7	2.40	56.29	1.71
アニリン	−5.98	5.87	184.40	3.22
クロロホルム	−63.55	4.90	61.15	3.62
酢酸	16.66	3.90	117.90	2.53

問題 1 25 ℃ でアセトンにクロロホルムを加えていくと，エタノール水溶液（図 12・2）とは逆に，ラウールの法則よりも低い蒸気圧を与える．その理由を考えてみよう．

問題 2 沈殿を生じる溶液反応では，平衡定数 K の代わりに溶解度積 (K_sp) が用いられる．たとえば，$Ag^+ + Cl^- = AgCl$ の反応では，平衡を表す式は $[Ag^+][Cl^-] = K_\text{sp}$ となる．AgCl の濃度を無視してよい理由を考えてみよう．

問題 3 未知試料の分子量を知るためには，凝固点降下や沸点上昇のほかに，浸透圧を利用することもできる．浸透圧から分子量を求める原理と方法について調べてみよう．

13

ダイヤモンドは炭になる
化 学 反 応 論

> 化学反応の速度を調べる方法には二つある．一つは化学平衡の状態になったときに，平衡定数を求める方法である．もう一つの方法は，反応に関与している成分の濃度が，反応時間とともに，どのように変化するかを調べる方法である．ここでは，典型的な化学反応の例として，一次反応と二次反応を取上げ，反応速度定数を求める方法について理解する．また，連続反応を取上げ，反応物，中間体，生成物の濃度変化と自由エネルギーの関係を理解する．

13・1 ダイヤモンドの永遠の輝き

すでに，水と二酸化炭素の状態図を調べた（第11章）．今度は，炭素の状態図を調べてみよう（図13・1）．炭素はわれわれが日常生活しているような条件，すなわち，1気圧, 300 K では，グラファイトの状態が最も安定である．そして，

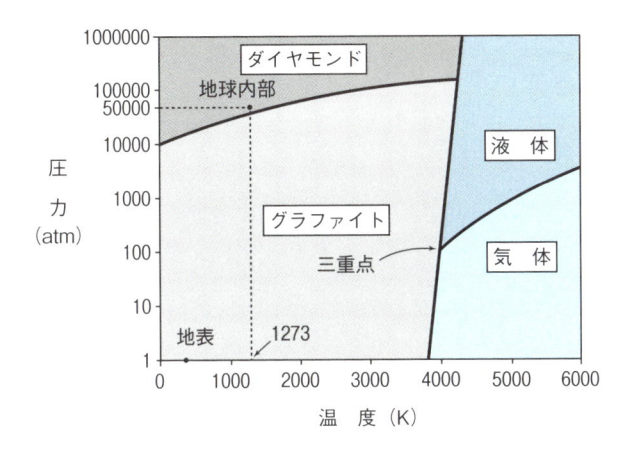

図 13・1 炭素の状態図

グラファイトよりは不安定であるが，炭素にはもう一つの別の固体の状態もある．それがダイヤモンドである（第6章参照）．ダイヤモンドはわれわれの日常生活の条件では不安定であるが，温度を1000℃（1273.15 K）にして，さらに，圧力をおよそ5万気圧にすると，グラファイトよりも安定になる．そのような温度と圧力の条件のもとで，グラファイトをぎゅっと押し縮めるとダイヤモンドになる．地球の内部および200 km以上の深さの領域では，このような条件をみたし，ダイヤモンドがつくられたといわれている．

ここで，不思議なことに気がつく．われわれが日常生活するような環境では，ダイヤモンドはグラファイトよりも不安定なはずである．それにもかかわらず，ダイヤモンドは自然に安定なグラファイトに変わることはない．なぜだろうか．実は，ダイヤモンドがグラファイトに絶対に変わらないわけではない．ただし，変わるためには無限ともいえる長い時間を必要とする．あまりにも長い時間のために，われわれにはダイヤモンドからグラファイトへの反応が，止まっているかのように見えるのである．反応が止まっているかのように見えるといっても，第12章で述べた化学平衡とは異なる．単に，反応の速度が非常に遅いだけである．このように，化学変化を調べるときには，第12章で述べた"化学平衡論的"な見方のほかに，"反応速度論的"な見方が必要である．ここでは，反応速度論的な見方で化学変化を調べ，反応の速度がどのような条件によって規定されているかを考えてみる．

13・2　反応速度とボルツマン分布則

1気圧，300 Kで，ダイヤモンドの状態からグラファイトの状態に変わるとしよう（図13・2）．すでに述べたように，このような条件下では，ダイヤモンドよりもグラファイトの方がエネルギーが低く，安定である．図13・2の縦軸は自由エネルギー（第11, 12章）を表すと考えればよい．ダイヤモンドよりもグラファイトの方を少し低いところに書いた．もしも，ダイヤモンドとグラファイトの間にじゃまをするものがなければ（図13・2(a)），坂道を転がるボールのように，ほとんどのダイヤモンドはグラファイトに変わってしまう．しかし，実際には，ダイヤモンドがグラファイトに変わるときには，一気に変わるわけではない．ダイヤモンドともグラファイトともいえないような途中の状態

13・2 反応速度とボルツマン分布則

がある．一般には，これを**遷移状態**あるいは**活性化状態**という（図 13・2(b)）．そして，遷移状態のエネルギーは，グラファイトよりもダイヤモンドよりも高い．ちょうど，坂道の途中に障害物があるようなものである．ダイヤモンドからグラファイトに変わるためには，この障害物を乗り越えなければならない．この障害物を乗り越えるために必要なエネルギーを**活性化エネルギー**とよぶ．

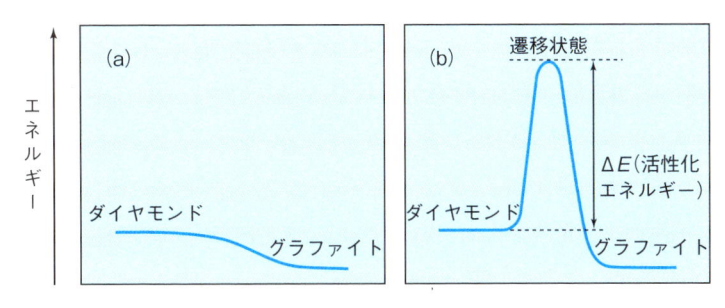

図 13・2 化学反応と自由エネルギー

ダイヤモンドには，いろいろなエネルギーの状態の炭素がある．障害物を越えるために必要なエネルギーをもつ炭素が多ければ多いほど，グラファイトに変化する量は多くなる．これを反応の言葉でいえば，「反応速度が速い」と表現できる．逆に，障害物を越えるために必要なエネルギーをもつ炭素が少なければ，それだけグラファイトにはなりにくい．つまり，「反応速度は遅い」．

障害物を越えるために必要なエネルギーをもつ炭素は，どのくらいあるのだろうか．ここで，思い出すことがある．それは，第 7 章で学んだボルツマンの分布則である．エネルギー差が ΔE である二つの状態を考えるときに，エネルギーの低い状態とエネルギーの高い状態の分子数の比は，

$$\frac{N_2}{N_1} = \exp\left(-\frac{\Delta E}{RT}\right) \qquad (13・1)$$

で与えられた（ここでは，1 モルの物質量を考えるので，ボルツマン定数 k の代わりに気体定数 R を用いている）．反応速度を考えるときも，この式を使って考えればよい．つまり，活性化エネルギー（ΔE）を越えるために必要なエネルギーをもつ炭素の数の割合が，反応速度に関係すると考える．そうすると，

反応速度を表す定数（反応速度定数）は，つぎの式で表される．

$$反応速度定数 = A \exp\left(-\frac{\Delta E}{RT}\right) \qquad (13 \cdot 2)$$

この式は**アレニウス**（Arrhenius）**の式**とよばれる．A は**頻度因子**とよばれ，それぞれの反応に固有の定数である．(13・2)式から，反応速度定数が活性化エネルギーの大きさ（ΔE）と反応の温度（T）に依存することがわかる．ダイヤモンドがグラファイトに変わる場合には，ΔE がとてつもなく大きいので，反応速度定数はとてつもなく小さく，反応速度はとてつもなく遅い．しかし，温度が高くなれば，反応速度定数は大きくなる．たとえば，火事の後で，ダイヤモンドが黒くこげて，炭になっていることもある．

13・3　活性化エネルギーを下げる

反応速度を速くする方法はほかにもある．反応の障害物，つまり，活性化エネルギー（ΔE）を低くする方法である．(13・2)式で ΔE が低くなればなるほど，反応速度定数は大きくなる．活性化エネルギーを低くすることを可能にするものが**触媒**である．触媒は巧みにエネルギーの受渡しを行って，活性化エネルギーを下げ，化学結合を切断したり，新たな化学結合をつくったりする．触媒（catalysis）とは，ギリシャ語で"結び目などを解く"という意味である．知恵の輪を思い出してほしい．二つの輪が結びついているときに，この輪を切断するエネルギーは，莫大であるかのように見える．しかし，ある決まった位置関係を保ちながら巧みに離すと，輪を切断しなくても離すことができる．触媒もこれに似ている．

すでに，化学工業の分野では，膨大な種類の触媒が開発されている．その中で，歴史的に最も有名な触媒の一つが，水素と窒素からアンモニアを合成する触媒である．この場合の触媒は，それほど特別なものではない．単なる鉄粉である（最近では，鉄粉に酸化カリウム（K_2O）とアルミナ（Al_2O_3）を混ぜる）．図 13・3 に示すように，H_2 と N_2 から触媒なしで NH_3 を合成するためには，高い活性化エネルギー（ΔE）を越えなければならない．しかし，触媒を加えると，反応の途中の段階で，鉄に H_2 と N_2 が結合したエネルギーの低い状態と，鉄に NH_3 が結合したエネルギーの低い状態が新たにできる．しかも，こ

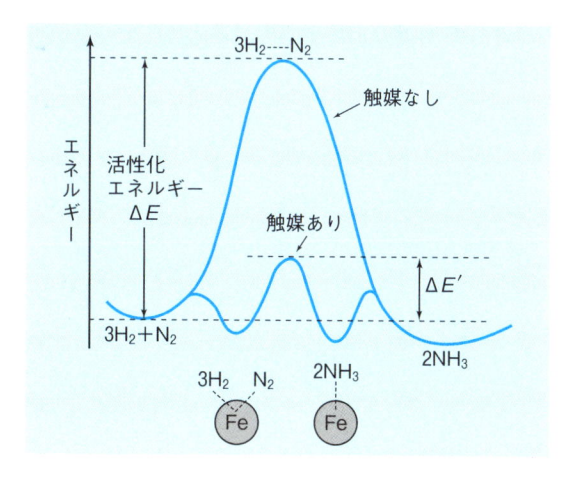

図 13・3 触媒の働きのしくみ

れらの状態間の活性化エネルギー（$\Delta E'$）は，触媒のないときの活性化エネルギー（ΔE）よりも低い．結果として，触媒を使うときの方が反応速度が速くなる．

　窒素と水素からアンモニアを合成する触媒を発見したのは，ハーバー（F. Haber）とボッシュ（K. Bosch）である．彼らのおかげで，大量のアンモニアを合成することができるようになった．アンモニアは農作物の肥料である硫安（硫化アンモニウム），硝安（硝酸アンモニウム）や尿素などの合成に使われ，痩せた土地でも，たくさんの穀物を収穫できるようになった．大気中の窒素を食料に変えることができたのだから，これは画期的である．ただし，彼らの方法では，水素と窒素を 400〜600 ℃ という高温で，しかも，200〜1000 気圧という高圧で反応させる必要がある．まさに，第 11 章で説明した超臨界状態である．

　実をいうと，常温で，しかも，大気圧下で，大気中の窒素からアンモニアを合成する方法がある．本当に，そんなことができるのだろうか．実は，できる．クローバーなどのマメ科の植物の根に棲んでいる根粒菌が行っている．根粒菌はニトロゲナーゼという酵素を使って，大気中の窒素からアンモニアを合成する．これを**窒素固定**という．酵素ニトロゲナーゼでは，鉄（Fe）とモリブデン（Mo）と硫黄（S）からなる 3 種類の金属錯体（第 6 章参照）が重要な役割

を果たしている。そのうちの一つの中心骨格を図13・4に示す。電子が3種類の金属錯体の中を移動するあいだに、大気中の窒素からアンモニアが合成される。その反応式はつぎの通りである。

$$N_2 + 8H^+ + 8e^- \longrightarrow 2NH_3 + H_2$$

人類は長い年月をかけて科学技術を発展させ、ようやく触媒を発明し、大気中の窒素からアンモニアを合成することができた。しかし、驚いたことに、微生物は昔から自らの体の中に触媒をつくる能力をもっていたのである。

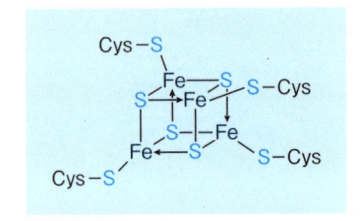

S-Cys はアミノ酸のシステイン
(H)S-CH$_2$-CHCOOH
　　　　　　　|
　　　　　　NH$_2$

図 13・4　酵素ニトロゲナーゼの中心骨格

13・4 反応速度定数と半減期

　もう少し定量的に、反応速度を扱ってみよう。反応によって増加する物質（生成物）の増加量は、活性化エネルギーと温度に依存するだけではなく、出発物質（反応物）の量にも依存するはずである。反応物が多ければ多いほど、つぎつぎと生成物が生成される。生成物の増加速度は、反応物の量に比例する。たとえば、AからBとCができる反応を考えよう。

$$A \longrightarrow B + C$$

このとき、生成物Bの濃度の増加速度は反応物Aの濃度に比例する。濃度を記号[ ]で表せば、

$$\frac{d[B]}{dt} = k[A] \qquad (13・3)$$

となる。これを**反応速度方程式**という。比例定数 k は反応速度定数であり、値が大きければ大きいほど、反応が速いことを表す（k はボルツマン定数でも、力の定数でもない）。もちろん、反応物が同じであるから、生成物Cの濃度の増加速度も同じ式で表される。

13・4 反応速度定数と半減期

$$\frac{d[C]}{dt} = k[A] \tag{13・4}$$

このように，生成物の濃度の時間変化が反応物の濃度に比例するときに，**一次反応**という．また，反応物 A の濃度の減少速度（マイナスの符号をつける）は生成物 B あるいは C の増加速度に等しいから，

$$-\frac{d[A]}{dt} = k[A] \tag{13・5}$$

となる．これは最も簡単な微分方程式（$dy/dx = -ky$）のかたちをしていて，簡単に解くことができて，

$$[A] = [A]_0 \exp(-kt) \tag{13・6}$$

となる．ここで，$[A]_0$ は反応が始まる前（$t=0$）の反応物 A の濃度である．

具体的に例をあげよう．炭酸（H_2CO_3）は時間とともに分解して，水と二酸化炭素になる．

$$H_2CO_3 \longrightarrow H_2O + CO_2$$

この分解反応は A → B+C の一次反応であり，このときの炭酸の濃度の減少速度は二酸化炭素の濃度の増加速度に等しく，また，炭酸の濃度に比例する．すなわち，

$$-\frac{d[H_2CO_3]}{dt} = \frac{d[CO_2]}{dt} = k[H_2CO_3] \tag{13・7}$$

となる．炭酸の濃度が時間とともに，どのように変化していくかは，溶液の酸性度（水素イオン濃度）を調べることによって，容易に知ることができる．

この炭酸の分解反応のように，刻一刻と変化する反応物の濃度を測定できるときには，つぎのようにして，反応速度定数を実験的に決めることができる．すなわち，(13・6)式の両辺を初濃度 $[A]_0$ で割り，さらに，両辺の自然対数をとって整理すると，

$$\ln\left(\frac{[A]_0}{[A]}\right) = kt \tag{13・8}$$

となる．左辺は，炭酸の初濃度の値をある時刻 t で測定した濃度で割り，自然対数をとった値である．この値を縦軸にとり，横軸に反応が始まってからの時間（t）をとってグラフにすると，測定点は直線に乗る（図 13・5）．そして，

その直線の傾きから反応速度定数 (k) を求めることができる.

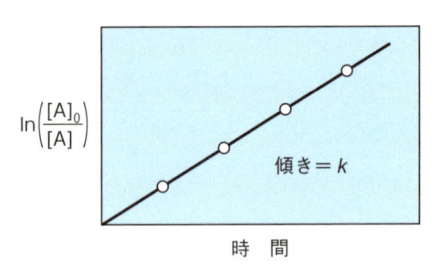

図 13・5 一次反応の濃度の時間変化

炭酸の分解反応の場合には，温度 18 ℃ では，反応速度定数はおよそ 12.3 s^{-1} であり，単位は秒の逆数で表されている．しかし，反応速度定数を見ていただけでは，反応がどのくらい速いのか，あるいは，反応がどのくらい遅いのかがわかりにくい．もう少しわかりやすくするために，半減期 (τ) を求めてみよう．**半減期**とは，初濃度 $[A]_0$ が半分に減少するために必要な時間のことである．(13・8)式の $[A]$ に $[A]_0/2$ を代入すると，

$$\ln 2 = k\tau \tag{13・9}$$

すなわち，半減期 (τ) は $\ln 2$ を反応速度定数 (k) で割った値である．初濃度に限らず，ある濃度が半分になるために必要な時間は常に τ である．炭酸の分解反応の場合には，半減期は，

$$\tau = 0.693/12.3 = 0.056$$

である．わずか 0.056 秒で，炭酸の濃度は半分になる．

今度は，A と B から C と D ができる反応を考えてみよう．

$$A + B \longrightarrow C + D$$

それぞれの成分の濃度変化はどうなるだろうか．この場合には，A が多ければ多いほど，また，B が多ければ多いほど，C および D はできやすくなると考えられる．したがって，この反応の反応速度定数を k とすれば，生成物 C と生成物 D の増加速度は，反応物 A と反応物 B の両方の濃度に比例すると考えられ，

$$\frac{d[C]}{dt} = \frac{d[D]}{dt} = k[A][B] \tag{13・10}$$

となる．このように，生成物の濃度の時間変化が反応物の濃度の積に比例するときに，**二次反応**という．たとえば，一酸化窒素（NO）とオゾン（O_3）から，二酸化窒素（NO_2）と酸素（O_2）ができる反応などがある．

$$NO + O_3 \longrightarrow NO_2 + O_2$$

今度は，AからBができるとともに，BからAができる平衡状態（$A \rightleftharpoons B$）を反応速度論的に考えてみよう．$A \to B$を**正反応**，$B \to A$を**逆反応**とよぶ．それぞれの反応速度定数をk_+，k_-とすれば，それぞれの反応速度方程式は，

$$\frac{d[B]}{dt} = k_+[A] \quad \text{および} \quad \frac{d[A]}{dt} = k_-[B] \quad (13・11)$$

となる．もしも，平衡状態が成り立っているならば，それぞれの濃度が変化する速度（左辺）は同じになるから，$k_+[A] = k_-[B]$が成り立つ．そうすると，

$$\frac{k_+}{k_-} = \frac{[B]}{[A]} = K_c \quad (13・12)$$

となり，第12章で説明した平衡定数は，実は，正反応の速度定数と逆反応の速度定数の比で表されることがわかる．

13・5　連続反応の濃度変化

同じ一次反応でも，生成物Bがさらに反応して，最終生成物Cとなる反応もある．

$$A \longrightarrow B \longrightarrow C$$

この場合，Bのことを**反応中間体**とよぶ．前節ですでに述べたように，反応物Aの濃度と最終生成物Cの濃度の時間変化（反応速度方程式）は，$A \to B$の反応速度定数をk_1，$B \to C$の反応速度定数をk_2とすれば，

$$-\frac{d[A]}{dt} = k_1[A] \quad (13・13)$$

$$\frac{d[C]}{dt} = k_2[B] \quad (13・14)$$

となる．一方，反応中間体Bは反応物Aの減少に応じて増加し，最終生成物Cの増加に応じて減少するので，

$$\frac{d[B]}{dt} = -\frac{d[A]}{dt} - \frac{d[C]}{dt} = k_1[A] - k_2[B] \qquad (13\cdot15)$$

となる．上記の，三つの連立微分方程式を解けば，

$$[A] = [A]_0 \exp(-k_1 t)$$

$$[B] = [A]_0 \left(\frac{k_1}{k_2 - k_1}\right) \{\exp(-k_1 t) - \exp(-k_2 t)\} \qquad (13\cdot16)$$

$$[C] = [A]_0 \left[1 + \left(\frac{1}{k_2 - k_1}\right)\{-k_2 \exp(-k_1 t) + k_1 \exp(-k_2 t)\}\right]$$

となる．k_1 と k_2 に適当な値を代入して，それぞれの成分の濃度の時間変化の様子を図 13・6 に示した．反応中間体 B は，始めは急激に増え，ある時刻に最大値を通り，その後，ゆっくりと減少を始める．一方，最終生成物 C は，始めはゆっくりと増加し，しだいに速くなり，最後にふたたびゆっくりと増加する．ある程度の量の反応中間体がたまらないと，最終生成物はなかなか増えないことを意味している．

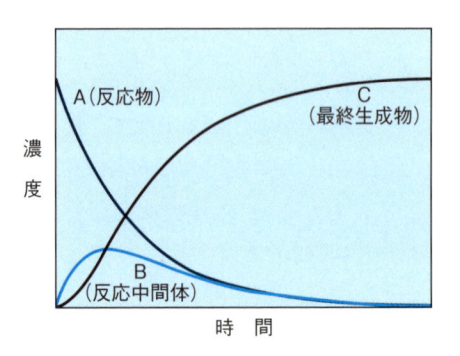

図 13・6 連続反応の濃度の時間変化

反応中間体 B の自由エネルギーが，反応物 A や最終生成物 C よりも高いとしよう（図 13・7）．A → B では，反応が進むための活性化エネルギー（ΔE_1）が高いので，反応速度はゆっくりであり，反応速度定数 k_1 は小さい．一方，B → C では，活性化エネルギー（ΔE_2）が低いので，反応速度は速く，反応速度定数 k_2 は大きい．もしも，$k_2 \gg k_1$ の条件が成り立つならば，それぞれの成分

13・5 連続反応の濃度変化

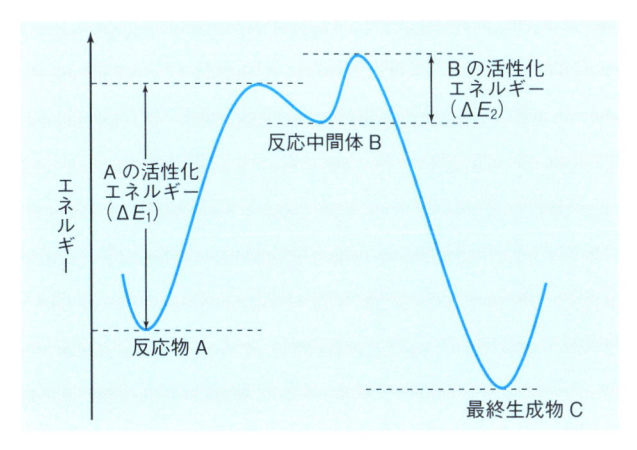

図 13・7 連続反応と自由エネルギー

の濃度の時間変化を表す(13・16)式は，

$$[A] = [A]_0 \exp(-k_1 t)$$
$$[B] = 0 \qquad (13・17)$$
$$[C] = [A]_0 \{1 - \exp(-k_1 t)\}$$

となり，A → B の反応速度定数 k_1 のみによって決まることがわかる．この A → B の反応のように，全体の反応の速度を決定する段階の反応のことを**律速段階**という．また，反応中間体 B は生成してもすぐに壊れてしまうので，安定には存在できない．つまり，[B]＝0 である．B のことを"中間体"とよぶ所以である．

問題 1 日常生活の中で，平衡論的に状態が変化しない物質と，速度論的に状態が変化しない物質の例を探してみよう．

問題 2 活性化エネルギーを求める実験方法について，アレニウスの式から考えてみよう．

問題 3 生物は酵素を用いることによって，実験室では起こりにくい反応を巧みに行っている．タンパク質の一つでもある酵素は，どのようにして触媒として働くのかを考えてみよう．

索　引

あ

アインシュタイン
　　　　　　(A. Einstein)　2
亜鉛(Zn)　60, 108
アクチノイド　7, 22
アセトアミド(CH_3CONH_2)　8
アセトン(CH_3COCH_3)　132
アップ　2, 3
圧力(P)　67～71, 90
圧力-組成図　124
アニリン($C_6H_5NH_2$)　132
アボガドロ定数(N_A)　67, 71
アミノ酸　8, 65, 138
アラニン
　　　　($CH_3CH(COOH)NH_2$)　8
アルカリ金属　22, 58
アルゴン(Ar)　11, 22
α ヘリックス構造　65
α 粒子　14, 15
アルミナ(Al_2O_3)　136
アルミニウム(Al)　10
アレニウス(Arrhenius)の式
　　　　　　　　　　　　136, 143
安定化エネルギー　36～38
安定同位体　20
　　　　アンモニア(NH_3)　8, 53, 54
　　　　――の合成　136～138
　　　　――の構造　47, 48

い，う

硫黄(S)　137
イオン化　32
イオン化エネルギー　32
イオン化傾向　109
イオン結合　60
イオン結晶　60
イオン半径　61
異核二原子分子　82
　　　　――の電子配置　42
位　相　39～41, 52
　　　波の――　35
イソシアン化水素(HNC)　8
1s軌道　29～32, 39, 45, 46
一次反応　139, 140
一酸化炭素(CO)　8, 54, 82, 86, 96
一酸化窒素(NO)　44, 82, 86, 141
遺伝情報　65, 66
陰イオン　33, 60
陰極線　12, 13, 22
隕　石　9
隕　鉄　9

上向きスピン　19, 22
宇　宙
　　　――の誕生と膨張　1
ウルツ鉱(ZnS)型構造　64
ウーレンベック
　　　　　　(G. E. Uhlenbeck)　18
運動エネルギー　9, 70～77, 86～88, 92
運動量(p_x)　69, 70

え，お

永久双極子モーメント　63, 64, 82
液　化　111
液　晶　66
液　相　111
液相線　124, 125
液　体　111
液体酸素　42
液体窒素　42
s軌道　33, 53
sp混成軌道　53, 54
sp^3混成軌道　46～49, 54, 55, 58
sp^2混成軌道　52～56
エタノール(C_2H_5OH)　8, 132
　　　　――の蒸気圧　123, 124
エタン(CH_3-CH_3)　49
エチルアミン($C_2H_5NH_2$)　129
エチレン($CH_2=CH_2$)　51
　　　　――の分子軌道　53
X　線　78
　　　――の回折　15
エネルギー(E)
　　　――と質量の関係式　2
　　　――の量子化　25
　　　安定化――　36～38
　　　イオン化――　32
　　　運動――　9, 70～77, 86～88, 92
　　　エタンの――変化　50
　　　回転の――　85
　　　活性化――　135～138, 142, 143
　　　ギブズの自由――　107, 115
　　　結合――　38, 44
　　　仕事――　89～92, 95
　　　自由――　107～115, 134
　　　振動の――　81, 88
　　　水素結合――　95, 106
　　　水素原子の――　27, 37
　　　電気――　108, 109
　　　電子の――　27, 28, 36
　　　電磁波の――　79
　　　内部――　89～98, 107
　　　熱――　71, 79, 86～99, 105, 112

索　引

エネルギー(つづき)
　熱力学的—— 107
　不安定化—— 37, 38
　ブタンの——変化 51
　フッ化水素分子の—— 43
　ヘリウム分子の—— 38
　ヘルムホルツの
　　　　　　自由—— 107, 115
エネルギー保存則 89
M 殻 21, 32
L 殻 21, 32
LCAO 近似 35
円運動 16
塩化セシウム(CsCl)型構造 60, 61
塩化ナトリウム(岩塩) 60
塩化ナトリウム(NaCl)型構造 60, 61
塩基の解離定数(K_b) 129
塩酸(HCl) 110
遠心力 16
エンタルピー(H)　95〜99, 102, 107, 112〜117
エントロピー(S)　103〜107, 110〜116, 121, 126
オキソニウムイオン(H_3O^+) 128
オゾン(O_3) 79, 86, 88, 141
オングストローム(Å) 16
温暖化
　地球—— 78
温度(T) 67, 68
　大気の—— 71, 72, 86

か

回折
　X 線の—— 15
　電子の—— 25, 26
回転
　——のエネルギー 85
回転異性体 50
回転角 50, 51
解離定数 129
化学電池 108
化学平衡 126, 128
　酢酸水溶液の—— 130

化学ポテンシャル(μ) 126, 131
可逆過程 105
殻 21, 33
核子 2, 3
核スピン 19
核融合 5
確率(ϕ)
　分子の—— 74〜77
重なり形 49, 50
可視光線 8, 28, 33, 78
活性化エネルギー(ΔE) 135〜138, 142, 143
活性化状態 135
価電子 22, 42, 60
カドミウム(Cd) 60
カリウム(K) 22, 58, 60
カルボニル錯体 54
完全結晶性純物質 106
完全微分 104
寒暖計 71, 72

き, く

気化 111
希ガス 22
貴ガスクラスター 61, 64
貴ガス原子 22, 61, 98
気相 111
気相線 124, 125
気体 111
　——の性質 67〜77
気体定数(R)　68, 71, 98, 107, 127, 135
起電力(E) 109, 110
軌道 29, 33
希薄溶液 124, 128, 131
ギブズの自由エネルギー(G) 107, 115
逆位相 39〜41, 52
逆対称伸縮振動 82〜84
逆反応 141
球対称 29
吸熱反応 95
凝結 112
凝固 111
凝固点降下 130, 131
凝固点降下定数(K_f) 131, 132

凝縮 111
共有結合 37, 53
巨大分子 56〜58
金(Au) 60
銀(Ag) 60
銀イオン(Ag^+) 53
金属イオン 110
金属クラスター 62
金属結合 59
金属固体 59
金属錯体 53, 137, 138
金属鉄 9
金箔 16, 25, 26
クォーク 2
屈折率 24
クラウジウス(R. J. E. Clausius) 117
クラウジウス-クラペイロンの式 117
クラウジウスの原理 105
クラスター 61, 62
グラファイト 57, 66, 134〜136
グラフェン 56, 66
　——の構造 57
クラペイロン
　　(B. P. E. Clapeyron)の式 117, 118
クリック(F. H. C. Crick) 66
グルーオン 2
クロロフィル 55
クロロホルム($CHCl_3$) 124, 125, 132
クーロン力 16

け, こ

ケイ酸塩鉱物 9
軽水素(H) 4
ケイ素(Si) 5, 10
K 殻 21, 32
結合
　イオン—— 60
　共有—— 37, 53
　金属—— 59
　σ—— 52
　水素—— 64〜66, 94, 106, 112, 113, 122

結合(つづき)
　π—— 52, 56, 57
　配位—— 53, 55
　ファンデル
　　　　ワールス—— 61, 62
　ペプチド—— 65
結合エネルギー 38, 44
結合角 47〜49
結合距離 38, 44
結合性軌道 36〜40, 46
　——の波動関数 81
結合電子対 48, 63
　——の存在確率 81
結合モーメント 63, 64
ケルビン(K) 68
ゲルラッハ(W. Gerlach) 17
原　子
　——からの発光 23
　——の構造 20
　——の古典的な電子構造
　　　　　　　　模型 21
　——の質量 81
　——の電子配置 31, 32
原子核 3〜5, 14〜20
原子核間距離 85
原子番号 20
原子模型
　ラザフォードの—— 16
原子量 21
元　素 5
　——の周期表 7, 22
　——の電気陰性度 63
　宇宙空間の——の存在比 7
元素記号 20
元素分布
　地球(誕生時)の—— 10

コ　ア 10
コイル 18, 19
光合成 78
合　成
　アンモニアの—— 136〜138
酵　素 55, 65, 137, 138, 143
膠着剤 2
光電効果 13, 14
氷
　——の構造 64
　——の状態図 119
黒　鉛 57
ゴーシュ形 50, 51

固　相 111
固　体 111
　金属—— 59
　二酸化炭素の—— 119
孤立電子 44
孤立電子対 47, 48, 53, 65
ゴルトシュタイン
　　　　　　(E. Goldstein) 12
根粒菌 137

さ

最終生成物 141, 142
再放射 86
最密充填構造 60
酢酸(CH_3COOH) 8, 128, 129, 132
酢酸イオン(CH_3COO^-) 128, 129
酢酸水溶液
　——の化学平衡 130
錯　体 53〜55
サッカーボール分子 57
3s 軌道 29〜32
酸化カリウム(K_2O) 136
三角両錐形 54
酸化ニッケル(NiO) 62
三重水素(T) 4, 20
三重点 119, 133
酸素原子(O) 5
酸素分子(O_2) 11, 42, 77, 82, 85, 88
三体問題 35
3d 軌道 29〜32
酸の解離定数(K_a) 129
3p 軌道 29〜32

し, す

シアン化水素(HCN) 8
四塩化炭素(CCl_4) 124, 125
紫外線 8, 28, 33, 78
磁気量子数(m) 27, 29, 33
軸対称
　波動関数の—— 31
σ軌道 40, 52

σ*軌道 52
σ結合 52
仕事エネルギー(W) 89〜92, 95
磁　石 19, 42
指数関数(exp) 73
システイン
　　($HSCH_2CH(COOH)NH_2$) 138
自然界の四つの基本的な力 6
下向きスピン 19, 22
実在気体 77
実在溶液 123, 124
質量(M)
　——とエネルギーの関係式 2
　水素原子の—— 81, 85
　電子の——(m_e) 28
質量作用の法則 128
質量数 20
質量モル濃度(m) 131, 132
磁　場 12, 13
　不均一—— 17, 18
シャルル(J. A. C. Charles) 68
シャルルの法則 68
自由エネルギー(G) 107〜115, 125, 126, 134, 135, 143
周期表
　元素の—— 7, 22
重　心
　分子の—— 80, 82
重　水 11
重水素(D) 4, 11, 20, 22, 88
ジュウテリウム→重水素(D)
自由電子 57, 59
充填率 60
重　力 5, 6, 9
縮　重 31, 41
縮重変角振動 83
縮　退 31
シュテルン(O. Stern) 17
主量子数(n) 27〜29, 33
シュレーディンガー
　　　　　(E. Schrödinger) 27
シュレーディンガー方程式
　　　　　　　　27, 29, 35
純物質 124, 126
昇　華 111, 112
昇華圧曲線 118
蒸気圧 116, 123
　エタノール(C_2H_5OH)
　　　　　　　の—— 123, 124

索　引

蒸気圧曲線　116～118, 121
状態関数　104
状態図　117
　氷の――　119
　炭素の――　133
　二酸化炭素の――　120, 121
　水の――　117～119, 121
状態数(W)　101～106
状態方程式
　理想気体の――　68, 71, 77,
　　　　　　　　98, 103, 117
蒸　発　111
　水の――　93～96
蒸発熱　93, 112, 114, 117
触　媒　62, 136～138, 143
磁力線　17, 18
C_{60}　57
真空放電管　12, 13, 23
人工同位体　20
伸縮振動　82～84
振　動
　――のエネルギー　81, 88
　分子の――　80
浸透圧　132
振　幅
　波の――　27
　波動関数の――　35
水銀イオン(Hg^{2+})　53
水素イオン(H^+)　34, 128～130
水素イオン指数　129
水素イオン濃度　129, 139
水素ガス　23, 34
水素結合　64～66, 94, 106, 112,
　　　　　　　　　　113, 122
水素結合エネルギー　95, 106
水素原子(H)　4, 5, 16～35
　――のエネルギー　27
　――の質量　81, 85
　――の波動関数　29
　――の模型　17
水素分子(H_2)　10, 34～39, 77,
　　　　　　　　82, 85, 88
　――のエネルギー　37
　――の振動モデル　80
　宇宙空間の――　7
水素分子イオン(H_2^+, H_2^-)
　　　　　　　　38, 39, 44
水素ランプ　23
ストレンジ　2

スピン　18
　上向き――　19, 22
　下向き――　19, 22
素焼き板　108
スリット　23, 24

せ，そ

正五角形　57
正三角形　9, 53～56
正三角錐　47
正四面体角　46～48, 58
正四面体形　46, 53, 54
生成物　128, 138
生体物質　65, 66
静電引力　16
正八面体形　54, 55
正反応　141
正六角形　56, 57
赤外線　8, 28, 33, 78～88
石質隕石　9
赤色巨星　5
石鉄隕石　9
摂氏温度(℃)　68
絶対温度(K)　68
絶対零度　68, 106
セン亜鉛鉱(ZnS)型構造　60,
　　　　　　　　　　61, 64
遷移状態　135
相　111, 119
相図(→状態図も見よ)　117
相転移　111
相平衡　114, 115, 121, 124
相変化　111, 112
束一的性質　130
速度分布
　分子の――　74～77
素粒子　2, 12
存在確率
　結合電子対の――　81
　電子の――　27, 35, 36

た～つ

第一イオン化エネルギー　33

大　気
　――の温度　71, 72, 86, 87
　――の主成分　10, 11, 86
　地球誕生直後の――　11, 88
対称伸縮振動　82～84
体心立方格子　61
体心立方構造　59, 60
体積(V)　67, 68, 90
第二イオン化エネルギー　33
ダイヤモンド　58, 119,
　　　　　　　　133～136
太　陽　5, 16～19, 78
対　流　87, 88
ダウン　2, 3
ダニエル電池　108, 110
単位格子　60
炭酸(H_2CO_3)　139
炭　素
　――の状態図　133
炭素原子(C)　5, 21, 22, 45
　――の電子配置　31, 46, 52
炭素分子　8, 56
タンパク質　65, 132, 143
地　殻　10
力
　自然界の四つの
　　　　　基本的な――　6
　強い――　2, 4, 6
　弱い――　3, 6
力の定数　81
地　球　16, 17, 111
　――の大気　87
　――の誕生　9
地球温暖化　78
窒素原子(N)
　――の電子配置　31
窒素固定　137
窒素分子(N_2)　10, 11, 82, 85,
　　　　　　　　　　　88
　――の電子配置　41, 42
地　表　87
チャーム　2
中間体　143
中性子　3, 20
超新星　5, 11
超伝導性　58
超臨界状態　121, 137
超臨界水　121
直線形　53, 54, 82, 88

索引

強い力　2, 4, 6

て，と

定圧モル熱容量(C_P)　97
　　貴ガスの——　98
　　二原子分子の——　99
dsp^3 混成軌道　54
DNA(デオキシリボ核酸)　65
　　——の複製　66
d 軌道　33, 53, 55
d^2sp^3 混成軌道　54
定容モル熱容量(C_V)　97, 98
デオキシリボ核酸(DNA)　65
鉄(Fe)　5, 10, 11, 53〜55, 136, 137
鉄隕石　9
デバイ・シェラー環　15, 16
電荷
　　——の偏り　64, 82
　　中性子の——　3
　　電子の——(e)　28
　　陽子の——　3
電気陰性度
　　元素の——　63
電気エネルギー　108, 109
電気素量　3
電気伝導性　57, 59
電気分解
　　水の——　34
電子　2, 17
　　——のエネルギー　27, 28, 36
　　——のエネルギー準位図　28
　　——の回折　25, 26
　　——の質量(m_e)　28
　　——の存在確率　27, 35, 36
　　——の電荷(e)　28
　　——の発見　12〜14
　　左巻き——　19
　　右巻き——　19
電子構造模型　32
電子親和力　33
電子スピン　18〜22, 31, 32, 36, 45
電磁波　8
　　——の種類　78
電子配置
　　異核二原子分子の——　42

エチレンの炭素原子
　　の——　52
　　原子の——　31, 32
　　酸素分子の——　42
　　炭素原子の——　31
　　窒素原子の——　31
　　窒素分子の——　41, 42
　　等核二原子分子の——　41, 42
　　フッ化水素分子の——　43, 44
　　メタンの炭素原子の——　46
電磁力　5, 6
電子レンジ　88
電池　108
伝導　87, 105
電場　12, 13
電波　8, 78
電波望遠鏡　8

銅(Cu)　60, 108
同位相　39〜41, 52
同位体　20, 21
同位体存在度　20
等核二原子分子　44, 82
　　——の電子配置　42, 41
同素体　58
トップ　2
ドブロイ(de Broglie)　25
トムソン(G. P. Thomson)　26
トムソン(J. J. Thomson)　13
ドライアイス　62, 112, 119, 120
トランス形　50, 51
トリクロロエタン
　　($CH_2ClCHCl_2$)　55
トリチウム→三重水素(T)

な 行

内殻電子　43
内部エネルギー(U)　89〜98, 103, 107
長岡半太郎　16
ナトリウム(Na)　22, 60
波　33
　　——の位相　35
　　——の重ね合わせ　36
　　——の振幅　27

2s 軌道　29〜32, 39, 45, 51
2p 軌道　29〜32, 39, 45, 51
$2p_x$ 軌道　29〜31, 39, 40
$2p_z$ 軌道　29〜31, 39, 41
$2p_y$ 軌道　29〜31, 39, 40
二原子分子　41, 99
　　宇宙空間で
　　　　確認された——　8
二酸化炭素(CO_2)　10, 11, 79, 86, 96
　　——の構造　62
　　——の状態図　120, 121
　　——の振動モデル　82, 83
　　液体の——　120
　　固体の——　119
二次反応　141
二重らせん構造　66
ニッケル(Ni)　5, 10, 53, 54
ニッケルイオン(Ni^{2+})　54
二等辺三角形　49, 84, 88
ニトロゲナーゼ　137, 138
ニュートンの運動方程式　26
ニューマン投影図　49, 50
二量体　106

ネオン(Ne)　22
ねじれ形　49, 50
熱エネルギー(Q)　71, 79, 89〜99, 105, 112
　　——の移動　86〜88
熱伝導性　59
熱容量(C)　105
熱力学第一法則　89, 91
熱力学第三法則　106
熱力学第二法則　105
熱力学的エネルギー　107

濃厚溶液　124
糊粒子　2

は，ひ

配位結合　53, 55
配位子　53
π 軌道　39, 52, 56
π* 軌道　39, 52
π 結合　52, 56, 57
π 電子　56

ハウトスミット
　　　(S. A. Goudsmit)　18
パウリ(Pauli)の排他原理　31,
　　　　　　32, 36, 41, 42
波　数　79
発　光
　　原子からの——　23
発熱反応　95
波動関数(Ψ)　27, 33, 45
　　——の重ね合わせ　35, 40, 41
　　——の振幅　35
　　——の直交性　44
　　結合性軌道の——　81
　　水素原子の——　29
　　分子の——　35
ハーバー(F. Haber)　137
反結合性軌道　36～40, 46
半減期　140
反応速度　135～142
反応速度定数(k)　136,
　　　　　　　　138～143
反応速度方程式　138, 141
反応速度論　134
反応中間体　141～143
反応熱　95
反応物　128, 138
万有引力　16

pH　129
光
　　——の速度(c)　2
p 軌道　33, 53
非共有電子対　47
PCB(ポリ塩化ビフェニル)
　　　　　　　　　　121
微小結晶　16
左巻き電子　19
ビッグバン理論　1
頻度因子(A)　136

ふ

ファラデー定数(F)　109
不安定化エネルギー　37, 38
不安定同位体　20
ファンデルワールス力　61, 62
不可逆過程　105
不均一磁場　17, 18

ブタン($CH_3CH_2CH_2CH_3$)　50
フッ化水素分子(HF)
　　——のエネルギーと
　　　　　電子配置　42～44
物質の三態　111
物質波　25
物質量　116
沸　点　114～117
沸点上昇　130
沸点上昇定数(K_b)　132
プラズマ状態　5
フラーレン　57
プランク定数(h)　28, 81
プリズム　23, 24, 33
分解反応　139
分　子
　　——の速度分布　74～77
　　——の波動関数　35
分子イオン　8, 9, 44
分子回転　84
分子軌道
　　エチレンの——　53
分子クラスター　62, 64
分子進化
　　宇宙空間での——　6～9
分子振動　80
分子内運動　80
分子分光法　86
フント(Hund)の規則　31, 41,
　　　　　　　　　　42, 45

へ, ほ

平衡状態　73
平衡定数(K)　127～130
平面分子　51
β シート構造　65
β^+ 崩壊　3, 5
β^- 崩壊　3, 5
ベクトル和　64
ヘスの法則　97
pH(ペーハー)→ピーエッチ
ペプチド結合　65
ヘム　55
ヘモグロビン　55
ヘリウム(He)　4, 5, 22
ヘリウム分子(He₂)
　　——のエネルギー　37～39

ヘリウム分子イオン(He_2^+)
　　　　　　　　　37～39
ヘルムホルツの自由エネルギー
　　　　　(A)　107, 115
変角振動　82～84
ヘンリー係数　124
ヘンリーの法則　124
ボイル(R. Boyle)　67
ボイルの法則　68
方位量子数(l)　27, 29, 31, 33
ホウ酸(H_3BO_3)　66
放　射　87, 88
放射性元素　9, 14
放射性同位体　20
膨　張
　　気体の——　92, 99
星
　　——の誕生と爆発　5
ボッシュ(K. Bosch)　137
ボトム　2
ボラン(BH_3)　55
ポリ塩化ビフェニル(PCB)　121
ボルツマン定数(k)　71, 103,
　　　　　　　　107, 135
ボルツマン分布　75
ボルツマン分布則　73, 101,
　　　　　　　102, 107, 135
ポルフィリン環　55
ボルン(M. Born)　27

ま 行

マイクロ波　78, 85
マグネシウム(Mg)　5, 55
マントル　10, 79, 87

右ねじの法則　19
右巻き電子　19
水　10
　　——の三態　112, 113
　　——の蒸気圧曲線　116
　　——の状態図　117～121
　　——の蒸発　93～96
　　——の電気分解　34
水分子(H_2O)　86
　　——の結合モーメントと永久
　　　　双極子モーメント　63

水分子(つづき)
　——の構造　48
　——の振動モデル　84

メタン(CH_4)　45, 99
　——の構造　47
メチル基　50
面心立方格子　61, 62
メンデレーエフ
　　　(D. J. Mendeleev)　22

モリブデン(Mo)　137
モ　ル　67, 68, 71
モル熱容量(C)　97, 103
モル濃度　127
モル分率　123〜127, 131

や　行

融　解　111
融解エンタルピー　131
融解曲線　118
融解熱　114, 115, 118
誘起双極子モーメント　61, 83
融　点　115, 118
誘電率
　真空中の——(ε_0)　28

陽イオン　33, 60
溶　液　123
溶解度積(K_{sp})　132
ヨウ化物イオン(I^-)　53
陽　子　3, 16, 20
溶　質　123
陽電子　2
溶　媒　123
弱い力　3, 6

ら〜わ

ラウール(F. M. Raoult)　123
ラウールの法則　123, 132
ラザフォード(E. Rutherford)　14
ラザフォードの原子模型　16
ラジウム(Ra)　14
ラジオ波　78
ラドン(Rn)　14
ランタノイド　7, 22

理想気体
　——の状態方程式　68, 71,
　　　　　　77, 98, 103, 117
理想溶液　123, 124
リチウム(Li)　22, 60
律速段階　143
立方最密充塡構造　59, 60
硫酸亜鉛($ZnSO_4$)水溶液　108
硫酸銅($CuSO_4$)水溶液　108
量子化　25
量子数　27〜33
　回転の——(J)　85
　振動の——(v)　81
量子論　23〜33, 37
臨界点　120
リン酸(H_3PO_4)　129, 130

ルビジウム(Rb)　58

連続反応　141〜143

六方最密充塡構造　59, 60

惑　星
　——の誕生　9
ワトソン(J. D. Watson)　66

中 田 宗 隆
なか た むね たか
　1953 年 愛知県に生まれる
　1977 年 東京大学理学部 卒
　現 東京農工大学大学院
　　　生物システム応用科学府 教授
　専攻 量子光化学
　理 学 博 士

第 1 版 第 1 刷 1994 年 10 月 21 日 発行
　　　　第 12 刷 2010 年 3 月 1 日 発行
第 2 版 第 1 刷 2011 年 6 月 15 日 発行
　　　　第 2 刷 2012 年 12 月 28 日 発行

化　学 基本の考え方13章(第2版)

Ⓒ 2 0 1 1

著　者　　中 田 宗 隆
発 行 者　　小 澤 美 奈 子
発　行　　株式会社 東京化学同人
　　東京都文京区千石3丁目36-7(〶 112-0011)
　　電話 03-3946-5311・FAX 03-3946-5316
　　　　URL：http://www.tkd-pbl.com/

印刷 日本フィニッシュ㈱・製本 ㈱青木製本所

ISBN 978-4-8079-0749-6 Printed in Japan
無断複写, 転載を禁じます.

量 子 化 学
基本の考え方 16 章

中田宗隆 著
A5 判　192 ページ　定価 2520 円

わかりやすく書かれた量子化学の入門書として確固たる地位を築いたベストセラー．

量 子 化 学 II
分光学理解のための 20 章

中田宗隆 著
A5 判　2 色刷　208 ページ　定価 2520 円

赤外分光，ラマン，紫外・可視分光，NMR など分光学の基礎を平易に説明する入門書．

量 子 化 学 III
化学者のための数学入門 12 章

中田宗隆 著
A5 判　176 ページ　定価 2520 円

「量子化学を通して数学の基礎を理解する」ためのこれまでにないユニークな入門書．

量 子 化 学
演習による基本の理解

中田宗隆 著
A5 判　160 ページ　定価 2520 円

多くの例題を解くことによって量子化学の基本を理解する演習書．全問題の解答つき．

価格は税込（2012 年 12 月現在）